多摩川自然めぐり

美しい生きものたちとの出会い

文／写真　藤原裕二

源流の山と渓谷

日原川上流の渓谷（P43）

笠取山から源流水干沢を望む（P15）

雲取山で見たアサギマダラ（P40）

多摩川流域最高峰唐松尾山（P19）

生き物を育むブナ林

柳沢峠付近のブナ林（P24）

柳沢峠で出会ったニホンジカ（P27）

コルリ（P26）

コマドリ（P26）

奥多摩の山々での出会い

陣馬山で出会ったオオミドリシジミ（P103）

キビタキ（P26）

冬毛のテン（P54）

御岳山付近のロックガーデン（P83）

渓流近くの森

丹波川支流の渓谷沿いの森（P29）

木下沢で出会ったオオルリ（P112）

源流で出会ったヤマメ（P30）

奥多摩湖下流の惣岳渓谷（P67）

高尾山の生き物

高尾山で出会ったムササビ（P125、126）

ブナの木（P130）

ハナネコノメ（P111）

ヒナスミレ（P133）

オオムラサキ（P134）

東京に残る里山

横沢入（P99）

狭山丘陵で見たカタクリ（P177）

狭山丘陵で出会ったルリビキタ
（P178）

南山で見たシュンラン（P192）

八王子郊外で出会ったニホンザル
（P114）

街中の緑の流れ

野川公園付近の野川（P201）

小平市の玉川上水（P168）

野川公園で見たカワセミ（P201）

玉川上水で見たマユミの実（P169）

多摩川下流の河原

河口付近の葦原（P217）

狛江付近の河原（P211）

アユの遡上（P215）

多摩大橋付近の河原（P166）

はじめに

東京近くにも美しい自然があり、たくさんの生き物が棲んでいる。多様な緑と水のある風景は美しく、そこに棲む生き物との出会いは、大きな感動と生きる素晴らしさを与えてくれる。

私は多摩川周辺を訪ね、いろんな自然の姿を見てきた。本書はその記録である。多摩川周辺の自然の様子とともに、身近で見られる多様な生き物の世界、今の言葉で「生物多様性」の実際を表現している。

多摩川は、山梨県の笠取山付近を源流に、日原川、秋川など、たくさんの支流と合流しながら東京都と神奈川県を流れ、羽田付近で東京湾に注ぐ。水源からの水は、天然林に覆われた山間や険しい渓谷、のどかな丘陵や平地、住宅街へと流れて河口にたどりつく。その周囲の景観は変化に富み、森や草花、そしてそこに棲む動物も、環境に応じて違ってくる。この多摩川をめぐる旅は、様々な風景と生き物との感動的な出会いの連続だった。私は、まず、その素晴らしさを伝えたい。

この旅のはじまりは、好きだった釣りやバードウォッチングでの魚や鳥たちとの出会いだった。その後、野生の花や樹木の美しさを知り、さらに蝶などの昆虫や哺乳動物との驚くような出会いを繰り返した。これらの出会いで知ったのは、自然環境には様々な植物や動物が棲み、ともに関係しあって生きているということだ。食べる・食べられる、栄養分を出し・授かる、巣を与え・棲む、空気を換え・吸う。生き物は関係しあっている。その中に人間がいて、食べ物や水、空気などによって生きている。薬でさえ自然環境からつくられる。このめぐりの旅の前はほとんど知らなかったが、東京近くには驚くほど多様な生き物の世界が広がっているのだ。

同時に、その生き物の棲む自然環境の破壊もいくつか見てきた。天然林が開発されたことによる生き物への影響や都会の中の雑木林をなくそうとしていること、温暖化の影響など、現実の光景を見て心を痛めたことも度々あった。

私は、自然環境破壊の根本的原因の一つは、多くの人が実際の動植物の姿を理解していないからではないかと感じ、東京近くの多様な生き物の実際を知っていただきたいとの思いでこの本を書いた。

この本では、多摩川の上流から下流へと話を進める。第Ⅰ章は、源流地帯や日原地区、三頭山付近などで、2000メートル級の高山をはじめ、山岳地帯とそこを流れる渓流の自然の姿について紹介している。そこは「森の母」と呼ばれる天然のブナ林が茂り、豊かな生き物の世界である。

第Ⅱ章では、奥多摩湖から下り、鳩ノ巣、御岳付近、秋川の流れる武蔵五日市付近、高尾山周辺など、人里近くの山や川、里を紹介している。人の影響があっても、緑が多ければ環境に適応したいろんな野生の動植物が生きている。

第Ⅲ章は、羽村から河口までの本流、野川などの支流、分水が流れ込む狭山丘陵など、住宅街を流れる川と周辺の様子を紹介している。身近にもかかわらず、知られていない自然環境がたくさんある。ここでは、人間の開発に伴う環境破壊的なことの実際も紹介する。

源流の自然環境一色から下流の人工環境と共存する自然環境まで、その世界がどのように変わっていくか、そして、都会近くの様々な生き物の姿、人間との関係などを、体験に基づいた「実像」として見ていただきたい。

身近に存在する多様な生き物の世界を理解し、自然を愛する人が多くなることを願っている。

多摩川自然めぐり　目　次

はじめに

第Ⅰ章　源流域の山地と渓流

1. 多摩川の源頭「水干」と「笠取山」 10
2. 「水干沢」から水干に遡る 15
3. 多摩川流域最高峰「唐松尾山」 19
4. 柳沢峠付近「ブナのみち」の水源林見学会 22
5. 柳沢峠付近「天然のブナ林」での出会い 26
6. 人を寄せつけない深い谷 29
7. 野生哺乳動物との出会い 32
8. 「松姫峠」付近を猟師と歩く 36
9. 「雲取山」登山での動物との出会い 39
10. 「日原」の多様で複雑な森 43
11. 「巨樹ウォッチング」で感動する 46
12. 渓谷で「バタフライウォッチング」を楽しむ 50
13. 豊かな自然を楽しめる「三頭山」と「檜原都民の森」 53
14. 多摩川流域のブナの木 57
15. 自然を楽しむ尾根歩き 60
16. 魚で賑わう「奥多摩湖」のバックウォーター 64
17. 奥多摩湖下流の渓谷地帯 67

第Ⅱ章　人里近くの山と川

18.「奥多摩町」の自然と人間生活　72
19.「海沢」の自然と訪問者　75
20. 絶景の「鳩ノ巣渓谷」と「数馬峡」　79
21. 散策がおもしろい「御岳山」周辺　82
22. アウトドアレジャーランドとなった「御岳渓谷」　85
23. ウメ見とタカ見の「梅の公園」　88
24. 異空間体験ができる「武蔵五日市」付近の自然　93
25. 豊かな自然が残る「横沢入」　96
26. 森の妖精を求めて「陣馬山」でバタフライウォッチング　101
27.「北浅川」の美渓谷とメタセコイヤ化石林　106
28. 静かな小渓流「木下沢」での出会い　110
29. 東京近郊で生きる「野生のニホンザル」　114
30.「高尾山」の豊かな自然　120
31. 高尾山に棲む空飛ぶ「ムササビ」　124
32.「日影沢」の自然観察会で　128
33.「南高尾山陵」での陽だまりハイク　136

第Ⅲ章　都会を流れる川の水辺

34. 川と人との関わりが増す「羽村」付近　142

35.「多摩川の達人」になる講習会 146
36.福生南公園で出会った「自然を楽しむ釣り人」 150
37.出水で壊れた「福生南公園」 154
38.「あきしま水辺の楽校」付近の自然地帯 159
39.地球の歴史を感じた「牛群地形」 163
40.都市を貫くグリーンベルト「玉川上水」 167
41.緑の孤島「狭山丘陵」 176
42.狭山丘陵で知った「雑木林」の現実 180
43.造成地にわずかに残る田園風景「程久保川」 183
44.食物連鎖を実感する「大栗川合流点」の野鳥 187
45.開発されつつある「南山」の広大な緑の丘陵 191
46.街中の湧水を集めて流れるオアシス「野川」 199
47.河原も利用される多摩川中下流域 204
48.自然遊びがおもしろい「登戸」付近の河原 208
49.戻ってきた「アユの遡上」 213
50.多様な生き物に驚いた「多摩川河口」 217
おわりに
参考文献
関係自然活動団体

〔多摩川自然めぐり概略図〕

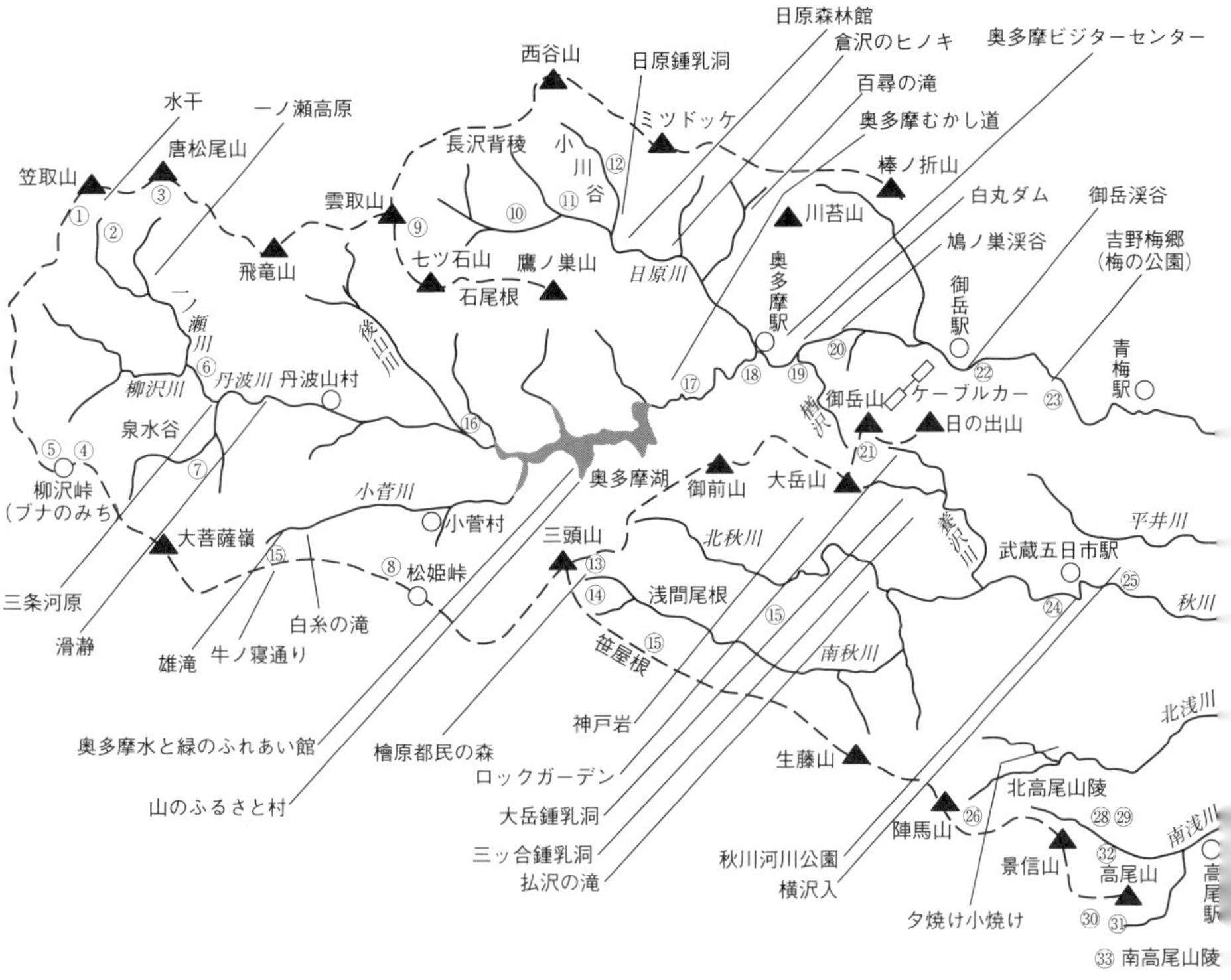

①～㊿は本文中の見出し番号を示す

第Ⅰ章　源流域の山地と渓流

日原川上流（大雲取谷）

1. 多摩川の源頭「水干」と「笠取山」

（1）多摩川の源頭「水干」への道

多摩川の源頭は「水干」と呼ばれている。水干はかなり山奥にある。多摩川に沿って行く場合は、青梅線の終点、奥多摩駅から西へ向かう。奥多摩湖や丹波集落を通って、さらに奥の一ノ瀬集落付近の作場平橋へ行き、そこから笠取山方面に登っていく。ここには路線バスがないので、自動車で行くことになる。むしろ、勝沼から柳沢峠を越えて入った方が早いくらいだ。それでも、都心からだと2時間半から3時間くらいかかる。

私が初めて訪れたのは２００４年11月のことで、作場平橋からヤブ沢沿いの道を登る一般的なコースだった。登山道入り口の案内板には、「水源地ふれあいのみち整備事業　水干ゾーン　―源流のみち―」とあり、「多摩川の源流である『水干』を中心として、清流と森林を通じて、川の誕生や森林の働きを知っていただくためのゾーンです。また、笠取山方面への登山にも利用できま

水干から流れる沢を渡る（一ノ瀬川本谷）

す。……東京都水道局」と書いてある。ここは東京都水道局が管理する水源林、東京の水の源なので、水道局がこのような案内板を立てるなどの整備をしている。

登山道左側のすぐ下には、青緑のきれいな小沢が流れている。一ノ瀬川本谷だ。この辺りにはカラマツ、サワラなど人が植林した樹木と、ブナ、ミズナラ、リョウブ、カエデの仲間など自然に生えた樹木が混ざった森がある。右から流れてくる幅1メートルあるかないかの小さな沢を渡る。この沢が水干から流れてきているのかなと思う。この沢の周りにはいろんな自然の樹がある。

樹林の中、沢をまたぐような小道を登り、尾根に出ると少し広い道となる。笠取小屋を過ぎ、荒川・富士川・多摩川の分水嶺付近から笠取山頂上への道と別れ、平らな巻き道をしばらく歩くと水干に着く。登りはじめて正味約2時間。登山道の左側、急斜面の少し

多摩川の最初の一滴「水干」

奥まった岩場にポッコリとへこんだような穴がある。そこに、「多摩川河口まで138キロ」と書かれた木の板が立っている。そこが水干だ。水干には、直径30センチくらいの水溜りがある。その上の岩から水が染み出し、水玉となって、一滴一滴と音もなく落ちている。落ちた水滴はその水溜りに集まり、再び地中に染み込んでいく。そして登山道を下った60メートルほど下の岩の間から流れ出る。その水は、やがて30センチ幅くらいの流れとなって両岸が迫るような谷底に落ち、天然林の間を数センチくらいの深さで流れていく。多摩川の流れ出しだ。

この流れは下りながら他の水源の水と合流し、50センチ、1メートルとだんだん幅を広げながら深い渓谷を進んでいく。そして多くの滝、瀬を

多摩川の流れ出し（水干沢の始まり）

下り、一旦、奥多摩湖で溜められたあと、また深い谷を下る。鳩ノ巣、御岳の景勝地を経て、羽村付近で平野に出る。そして、福生、府中、川崎、狛江、世田谷など、東京都の西部や神奈川北部に大きく広がる市街地を流れ、羽田空港の横で東京湾に流れ着く。

水源の湧水は、海などの水分が蒸発して雲から雨になり、たまたま笠取山付近に降ったものだ。それがここで湧き出ている。その一滴の水が様々な出会いを経て海に戻っていく。その流れのそこかしこで人間も含む動物に飲まれ、生き物が育まれている。そんな水の流れを思うと、胸がジーンとなる。この水のおかげで我々も命をつないでいるのだ。

(2) 笠取山に登る

多摩川の流れ出しを見たあと笠取山に登った。山頂から眺める多摩川の上流域は、道路も集落も、送電線などの人工物も、何一つ見えない。森のベールをかぶった山と谷の風景だけが続いている。「この大自然が多摩川下流の様々な人間の営みを支えているのだな」と思い、すがすがしい気分で下山した。

笠取山山頂

笠取山からの西側風景（遠くに国師ヶ岳が見える）

(3) 周辺の森のこと

下山のルートは、笠取小屋から尾根沿いの一休坂の道を選んだ。気持ちのいい森の道だと思いながら歩いていたら、看板が立っていた。タイトルが「ミズナラの天然林」とあり、「目の前の太く立派な樹木は、ミズナラです。森の母と呼ばれるブナとともに、日本の山地に広がる森林の代表的な樹木です。ここに根をおろしてから、300年を超えているのではないでしょうか。この森林は、ミズナラだけのように見えますが、ほかに、数種類のカエデの仲間やリョウブ、ブナ、コシアブラなど、多くの樹木が混ざっています。そして、これらの樹木が多くの動植物を育て、『森の豊かさ』を高めているのです。……東京都水道局」と書かれていた。そして、ミズナラ、イタヤカエデ、ブナ、リョウブの幹、花、実のカラー写真ものっていた。「そうか！　たくさんの種類の樹木があると、それぞれの木に花や実、葉などができる。そうすると、それを食べる昆虫や野鳥、そのほかの生き物も多様になる。たくさんの生き物を育むことができるようになる。それで森の母と呼ばれるのだろう」と納得した。

多様な樹木の天然林の道

　ここの尾根は天然の樹木が多いが、ほかの場所は必ずしも天然林ばかりでなく、カラマツやヒノキなど針葉樹の植林、すなわち人工林もあった。この人工林については別の場所の看板で説明があった。それによると、明治時代に行われた焼き畑を原因とする山火事などによってこの付近はハゲ山となり、少し雨が降っただけで山崩れや洪水が発生したらしい。その災害を防ぐために苗木を植えて手入れをした。東京の水を守るために植えたもので、当時としては、森を復活しようという素晴らしい試みだったのだろう。後日、森林関係の本で知ったが、それは簡単なことではなく、植えた木が次々と枯れ続け、高地に適した木を見つけるために試行錯誤したという。森林関係者は、東京の水を守るため長期間苦闘してきた。私は、この話を知るまで人工林がこんな山奥にまであることに少しがっかりしていた。そのままにしておいて自然に木が生えるのを待った方が美しい天然林となり、いろんな生き物のためにもよかったのだろうなと思っていた。しかし、人間の生活のために緊急的な問題だったのだろう。また、当時は生き物のことを配慮するという考えもなかったかもしれない。人が植えた木でも緑の生き物ではある。人工物になるよりはいい。人工物がほとんどない広く緑に覆われた自然地帯が多摩川の源流の姿。そこにははかり知れない生き物が棲んでいるだろう。

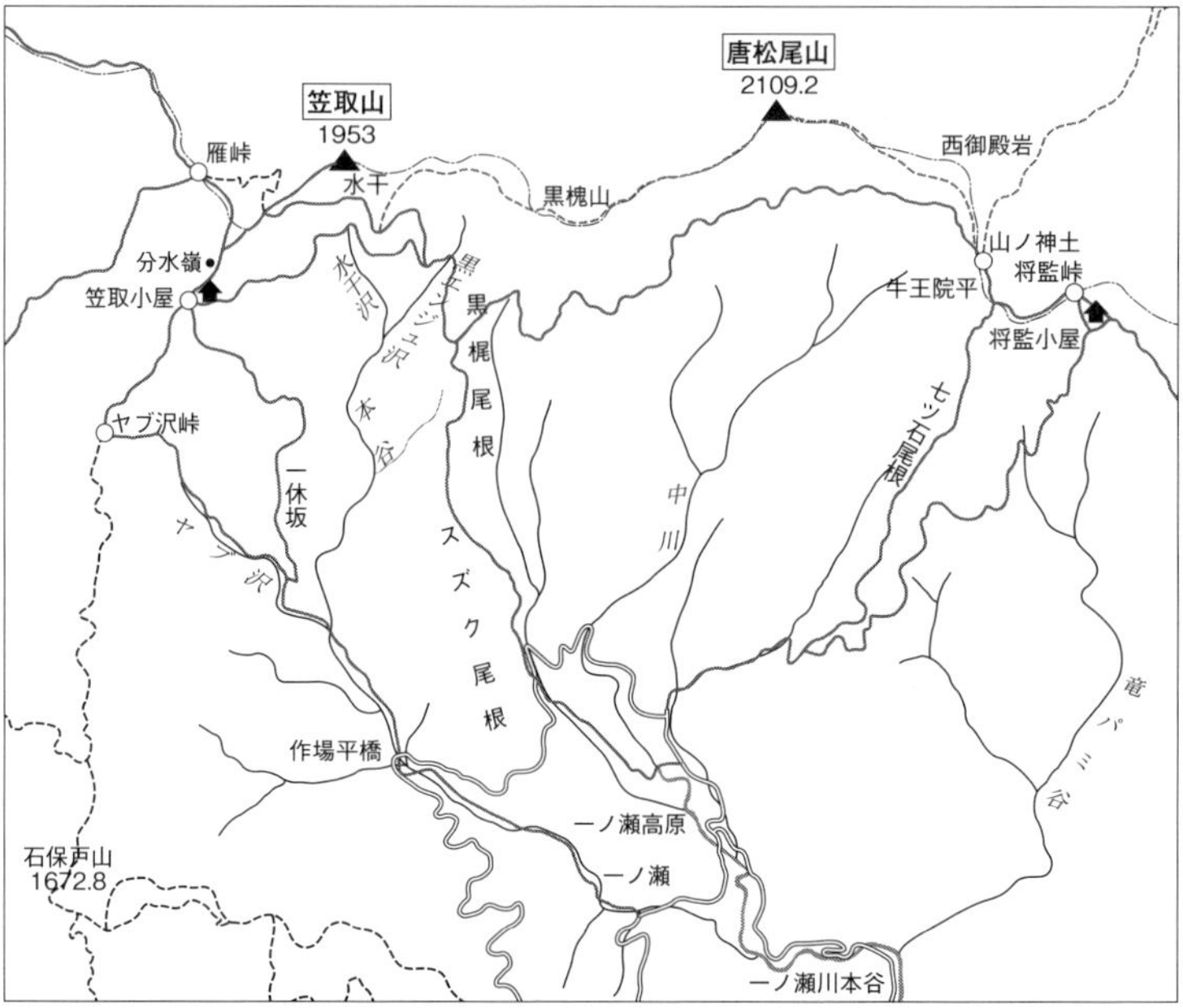

多摩川源流の山々と沢（源頭「水干」、最高峰「唐松尾山」など）

2.「水干沢」から水干に遡る

(1) 水干沢を沢登りで遡る

源流部の沢・水干沢を歩いて、水干まで登ってみたいと思った。人工の道でなく、最上流の沢の自然に浸りたかったが、少々不安だった。渓流釣りで沢を何度も歩いてきたが、登山としての沢登りは山岳部だった学生時代から経験していない。沢登りは、滝や崖を登る危険性や増水の恐れのほか、藪こぎの大変さ、道がない、案内もないというルート判断の難しさもある。本やホームページ、経験者に聞いて、十分にこの沢のことを調べたうえで大丈夫そうだと思い、決行することにした。最初に水干を訪れてから5年ほど経った２００９年のことである。

8月のある朝、笠取山の登山口・作場平橋を出発した。渓流タイツに渓流シューズ、ヘルメットという渓流歩きの格好だ。登山道を少し歩き、一ノ瀬川本谷を渡る木橋のところから沢に入る。しばらくは笹が両岸をふさぎ、滝らしい滝もない。周りは、ミズナラやサワグルミ、オニイタヤなどのカエデ類が目立つ。沢を横切る登山道を過ぎると斜めに落ちる滝が現れ、すぐ近くに二条の流れの滝がある。本格的な滝だが、ほとんど手を使わずに越えられた。途中、ウグイスのような薄緑の鳥や、クロジかミソサザイかと思われる黒い小鳥、カワガラスが飛んだりする。ジョリジョリとメボソムシクイも鳴く。シカの足跡がところどころにある。

2時間ほどして二股に到着。黒エンジュ沢との出会いだ。ここが一つの分岐で、事前に調べた情報により向かって左に行く。ここからが水干沢だ。水干沢に入るとナメ

美しいナメ滝

滝が見える。上流らしく細い流れが上まで長く続く。さわやかな光景で心が踊る。坂も苦にならず、気持ちよく登る。小さな滝を越えると小沢が合流し、苔がついた小岩の間を流れる光景も美しい。上の方に行くと少し開けた雰囲気になり、明るくなる。向かって左からウタノ沢が合流する。名のある沢としては最後の分岐点だ。右に行くと水量が少なくなり、流れは肩幅くらいだ。

水量の少ない最上流部の流れ

　高度が大分上ってきたのか、振り向くと谷の向こうに山の稜線が見える。自然の森の中、とても静か。滝を越える道にはシモツケソウがひっそりと咲く。見慣れない斑模様のかわいい鳥がしばらく私の前を転々と飛ぶ。ルリビタキの幼鳥らしい。自然豊かな場所はいろんな出会いがある。

　水の流れが、「ちゃら、ちゃら」とも「とろとろ」とも聞こえる。とても耳に優しい。笹が迫ってきて、細い水の流れに入って薮こぎのように進んでいく。やがて視界が開け、左に見たことのある登山道がある場所に出た。「着いた。水干の水源だ」突き上げる岩の手前からわずかに水が流れている。その水は、二つの岩から出ている。そこが水源だ。好天の下、スムーズに登れたので安堵感と達成感に満たされ、すがすがしい気持ちになる。この沢は本当に素晴らしい天然の森の中を流れていると体感した。

シモツケソウ

ルリビタキの幼鳥

　おいしい水を持ち帰ろうと思い、汲もうとしたが、汲めるような場所がなく、底も浅い。そのため時間がかかる。よく見ると、水の周りの土は凸凹がない。大勢の人に踏みつけられて平らになったようだ。水干のことが知られるようになり、登山道が整備されて多くの人が訪れたのが原因だ。自分もその1人で、人ごとではない。情報によって人が集まり、自然景観が変わった。わずかではあるが、水干でも人の影響による自然破壊がはじまっていることを実感し、いい気分がぶち壊しになった。

水干から笠取山頂上を目指す。登山道に入り、縦走路を笠取小屋寄りに進む。途中から山頂への急坂を休みながらゆっくり登る。晴れていて眺めがいい。珍しいキベリタテハも顔を出す。頂上に到着した瞬間、木から飛び立つ鳥がいた。灰色で少し大きめ。サメビタキかなと思う。

5年前の水源（2004年）

人に踏まれて平らになった（2009年）

頂上の少し東側に水干沢の川筋がよく見える場所がある。我ながらよく来たと思うとともに、天然の森だけに覆われたなだらかな地形がとても美しく感じられた。丸いように見える落葉広葉樹の森だ。西側方面には、尖ったような木が整然と並ぶ植林の森がある。美しい天然の森の下には多様な生き物が生息していることだろう。

（2）水干沢からの登山を終えて

家に帰ると、身体がだるいほど疲れていたが、翌日になっても素晴らしい体験が鮮明に思い出された。ミズナラ、カエデ類など様々な天然の広葉樹が続く沢を取り囲む森、道路や堰堤などの人工物がない沢、そして、滝、岩、苔、水流など、全てがとても美しかった。なかなか見ることのできない野鳥にも出会えた。

この水干沢は、多摩川に流れ込むたくさんの沢の中の一つにすぎない。たまたま、最も本流筋とされただけだ。水干沢にも、他の沢がいくつか入っていた。水干沢に限らず、周囲が天然林であれば、その沢の周りには美しい世界があるだろう。付近の森一体が生き物であふれるであろう。

多摩川最上流「水干沢」付近の天然林

一つだけ残念に思ったのは、水干の水源付近の地面が多くの人に踏まれて平らになってしまったことだ。人間が入るというのはこういうことだと思い知らされた。

しかし、踏まれただけならまだいいのかもしれない。サルでもシカでも踏み跡は残す。人間は、それよりもっともっと大きな自然破壊をしているのだから。

3. 多摩川流域最高峰「唐松尾山」

(1) 唐松尾山に登った

「多摩川流域で一番高い山は？」と聞かれて答えられるだろうか。東京都最高峰の雲取山、水干のある笠取山、それとも大菩薩だろうか。実は、唐松尾山（２１０９メートル）なのである。唐松尾山は奥秩父の主脈の中、笠取山と飛竜山の間にある。私は、笠取山に登ったときに東隣のこの山が魅力的に思えたので、２００５年10月下旬、紅葉の時期に登った。

(2) 奥深い唐松尾山の付近では…

一ノ瀬の集落を10時頃出発。一般車は通行禁止の林道を歩き、30分ほどで唐松尾山への最短登山道である七ツ石尾根の分岐に着く。よく見ないと通り過ぎてしまいそうな細い道で、しかも案内標識は壊れそうなくらい古く、小さくて目立たない。

登山道は笹に囲まれた急坂だ。登りつめると牛王院平

唐松尾山（中央）と源流部の山々（右下が一ノ瀬）

で稜線に出る。稜線に沿って少し歩くと山ノ神土に着く。ここに縦走路から唐松尾山への分岐がある。ところが、案内標識には縦走路方面の「笠取山」しか目立つ文字がない。よ〜く見ると、いたずら書きのように「唐松尾山」と書き添えてある。なんということか。この辺りは標識類が少なく、あっても古い。隣の笠取山周辺には東京都水道局が水源林散策路として整備しているので、新しく明確な案内標識があるが、それとは対照的である。

唐松尾山の頂上（右の木に看板が）

　分岐から稜線の南面を登っていく。苔に覆われた岩や倒木、古木などが自然のままの姿で残っている幽玄といえる原生林の中を歩く。一生を終えて朽ちたものと新しく生まれた生命が融合する世界だ。デコボコや石などで歩きにくく細い道ではあるが、これが原生の森なのだろう。

　稜線に出て少し歩くと、木々に囲まれた頂上に着く。三角点と「唐松尾山」と書かれた小さな看板がないと通り過ぎてしまいそうなくらい狭い頂上だ。あいにくの天気で遠くは何も見えないが、晴れていても周りの木にさえぎられて展望はあまり期待できないだろう。それでも私は満足。自然豊かな奥深い雰囲気につつまれた静寂感に、登りつめた喜びを感じる。近くにあるのはシャクナゲの木だ。春には花につつまれるであろうと想像するとうれしくなる。

頂上付近の幽玄な森

　帰りは牛王院平から将監小屋を通って下る。将監小屋の付近は防火帯として草原となっており、秋風が気持ちいい。草場はキャンプができる広場となっている。テントが一張り、若い男女2人が寄り添って話をしている。水場にはビールが冷やしてある。「このようなところでのんびりするのはいいなあ。ここで飲むビールはさぞうまいだろうなあ」と思いながら、後ろ髪をひかれる思いで1人すたすたと通り過ぎる。

小屋には軽トラックが置いてあった。ここまで林道を走ってくるということだ。「こんな奥深いところにある山小屋なのに自動車に頼っているのだな」と時代を感じる。ここから一ノ瀬までの林道は一般車が入れないので、ゆったりとした散歩道である。近くにはシラカバが混じった紅葉の木々が続く。遠くの斜面も黄色や橙に染まっている。紅葉を楽しみながら気分よくおり、4時15分頃に下山。

(3) 珍しい野鳥との出会い

頂上で珍しい野鳥に出会った。三角点に座って食事を摂っていると「カッー、カッー」と鳴く声がする。そのうち、目の前の木に姿を現した。眼の周りが白っぽく、メジロを少し大きくしたような鳥だ。一旦見えなくなったが、しばらくすると反対側の木にとまった。喉のあたりに縦筋があるのが見える（あとで調べたらサメビタキであった）。私にとって、このときが初めての出会いであった。

10月なので山地では野鳥があまり見られない時期だが、他にもシジュウカラ、エナガなどの混群、カケス、キバシリ、ウグイスなどに会えた。唐松尾山は、奥秩父の幽玄な雰囲気だけでなく、珍しい鳥にも出会え、自然度の高いところと感じた。

途中の将監小屋をベースにして、源流地帯の人があまり入らない山々を散策するとおもしろいだろうなと、新しい魅力的な世界を発見した喜びを胸に帰途についた。

山頂で出会ったサメビタキ

4．柳沢峠付近「ブナのみち」の水源林見学会

（1）見学会のバスの中で

２００４年の8月、多摩川の水源を見学するという、東京都水道局主催の「夏休み親子水道施設見学会」に小学生の息子と参加した。

青梅線河辺駅に集合し、バスで上流に向かう。バスの中で水道局の案内係の方が多摩川について説明し、ビデオも見せてくれた。

①多摩川は、東京の2割の水を供給している。8割は、利根川だが、どちらかが足りなくなると、相互に供給する水路がある。②水は、水源林、ダム、浄水場、給水場を経て家庭にやってくる。水源林も水を溜める役割をしている。③水源林は東京都の面積の約35パーセントで、山の手線の内側の3倍。④水源林のうち70パーセントが天然林、30パーセントが人工林。⑤人工林は手入れが必要なので、一部は天然林に変えようとしている。

この説明で多摩川の水源林の役割や大きさだけでなく、天然林も多く、さらに増やそうとしているという、うれしいことを知った。

（2）柳沢峠付近の水源林見学

バスは目的地の柳沢峠に到着。この付近には「ブナのみち」と称したハイキングコースがある。そこを水道局の方の案内で歩く。柳沢峠も多摩川の源流域の一つである。国道沿いなので一ノ瀬方面よりは道路事情がいい。

ハイキングコースはブナやミズナラなどの天然林の中を通る道なので気持ちがいい。案内の方が、森や木の特徴などを子ども向けにやさしく説明してくれた。「ブナは根をよく張るので、地面の土を安定させてくれるよ」、「道以外のところを踏むと、スポンジのようにふかふかしているでしょう。古い葉が幾重にも積み重なっているからだよ。ここに水が蓄えられるんだ」、「あの木はリョウブだけど、木の表面が剥がれているでしょう。シカは

水源林から湧き出る水

リョウブの皮が好きなので食べたからだよ」、「鳥の巣箱は水道局でつけているよ。半分くらいは入る。野鳥が害虫を食べてくれるので森が守られているんだ」などなど。

水道局の案内の方たちは、普段は仕事でこのような道を巡視しており、道の障害物を取り除いたりするという。水源林の森やハイキングの道は、この人たちに守られているわけだ。

途中、道は沢筋におり、水が流れ出しているところを見る。多摩川の水源の一つだ。水が流れ出したばかりのサラサラした浅い流れを見て、子どもたちは大喜び。冷たい水を手ですくって遊んでいた。あいにくの曇り空で展望はよくなかったが、すがすがしい森のハイキングだった。

（3）森に守られている「永久ダム」

帰りのバス内でも説明があった。印象的だったのは、奥多摩湖の小河内ダムが「永久ダム」と呼ばれていることだ。ここは整備された水源林がバックにあるので土砂がほとんど入らないが、ほかのダムは土砂が流れ込み、だんだん浅くなることがあるという。せっかくダムや堰堤をつくってもダムとして機能しなくなり、また上流にダムがつくられる。自然破壊がどんどん山奥を侵食していく。私が何度か行った南アルプスの天竜川支流の遠山川は、まさにそうだと思う。多摩川上流よりも大分山奥にダムのような立派な堰堤があったが、何年か経って行ってみると、さらにその奥に堰堤をつくっていた。「こんな山奥にまで」と思うようなところだ。多摩川は、奥多摩湖から上流には大きな堰堤がほとんどない。多摩川の水源林の新たな素晴らしさを感じた。

柳沢峠付近は覚えきれないほど多様な樹木があり、ここに天然のブナ林があることが胸に焼きついた。その後、この付近が関東地方の典型的なブナ林で、いろんな野鳥や動物が棲むことを知ったので、とても好きになり、何度も訪れるようになった。

(4) ブナの森を案内する

4年後の2008年春、私は森林インストラクター東京会の研修会で多摩川を案内し、説明をすることになった。私はその会に入会したばかりで、植物に詳しい会員の方々に説明するほど植物の知識がないので悩んだ。しかし、「気に入ったところに連れていってくれればいい」といわれので引き受けた。どこに案内しようか迷ったが、以前息子とともに水源林の見学会に参加し、天然の植生が気に入った柳沢峠のブナのみちを散策することにした。

柳沢峠付近のブナが混じる森

5月中旬、奥多摩湖から柳沢川沿いを車は走っていく。まぶしい新緑の中、だんだん緑が薄くなり、やがて芽吹いていない木も混じるようになると柳沢峠に到着した。標高の変化による芽吹きの時期の違いがわかる。

柳沢峠からは歩きで観察コースに入る。最初から、ジゾウカンバ、マメザクラなどの珍しい樹がある。少し歩くとブナの樹が現れる。ここは典型的な太平洋側のブナ林だ。ブナばかりが並ぶ日本海側のブナ林とは違い、いろいろな樹種が混ざっている。低木にオオカメノキ、ミヤコザサがあるという構成もブナ林の特徴で、それが見られる。ミズナラ、ミズキ、カバノキ科、カエデ属など樹種も多い。このときはブナの花もオオカメノキの花も咲いていた。さらに、5月中旬なのにタチツボスミレやフモトスミレ、シコクスミレといったスミレ類が咲いている。ハナネコノメやチチブシロガネソウという花もある。参加した人たちも多様な植物を同定しながら楽しんでいるようだった。

フェー、フェーとウソの鳴き声が聞こえた。鮮やかな黄色のキビタキの姿なども見られ、ミズナラの木にはクマが引っかいたと思われる傷跡もあった。樹木、草花だけでなく、動物の気配にも出会えた。私からはあまり説明ができなかったが、多様な生き物の森がみんなを楽しませてくれたようだった。

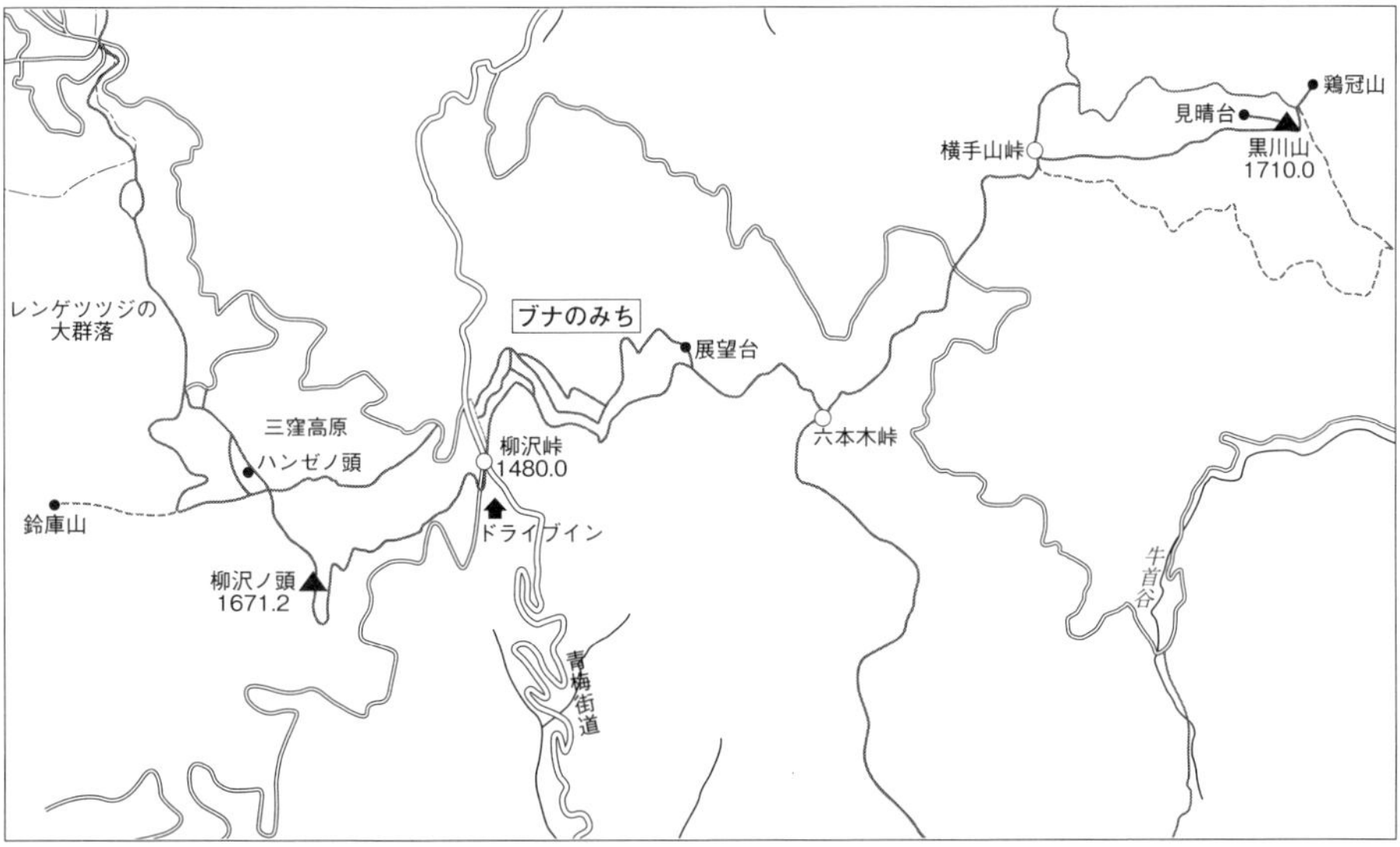

柳沢峠付近と「ブナのみち」

5. 柳沢峠付近「天然のブナ林」での出会い

(1) コマドリに会いに

野鳥の中で美しい声の代表であり、色合いもきれいなコマドリという鳥がいる。しかし、自然度の高い山地で、地面近くの草の中にいることが多く、なかなか見ることができない鳥でもある。

この鳥に会うには柳沢峠付近がいいと野鳥に詳しい人に聞いたので、2010年5月中旬、柳沢峠にやってきた。まず、峠近くの林道を歩く。すると、コマドリの「ピリリィ」という声が聞こえてきた。野鳥撮影に来ていた人に話を聞いたところ、コマドリは姿を現さないという。林道の入り口辺りに野鳥ファンの集まる場所があると教えてくれたので、そこに行ってみた。林道から沢におりると少し開けた場所がある。上流側に木が倒れていて、それに向かって10人くらいがカメラを向けていた。その木の周りにエサをつけ、野鳥を誘き寄せて写真を撮ろうとしている。しばらく見ていたら、クロジ、キ

複雑な模様のヤマドリ

青いコルリ

橙色のコマドリ

黄色いキビタキ

ビタキ、そしてコルリと珍しい夏鳥が交代でやってきた。コマドリはこなかったが、やはりいろんな野鳥がいると驚いて見ていた。

その後も何度か訪れたが、その年はコマドリに会えなかった。２０１１年、早い方が会いやすいと聞いたので、前年より早目の5月初旬に訪れた。この時期は、こんな山奥でも野鳥ファンが多く来ていて、よく出てくる場所を教えてくれる方もいた。何人かに教えられて、ようやくコマドリの姿を見ることができた。林道沿いの林から姿を現わし、近くの倒木にのってくれた。胸から頭にかけてのオレンジは、夕焼けの太陽のように暖かい感じに見える。丸い目も、姿も、野鳥らしくかわいい。こんな美しい鳥を育む森の豊かさを、多くの人に知ってもらえるといいなと思った。

(2) ニホンジカやヤマドリとの出会い

２０１０年5月に柳沢峠付近に行ったとき、コマドリなどの野鳥を追いかけるだけでなく、ブナの道を歩きながら、一本一本のブナの姿と周りの自然を楽しんだ。途中の梅の木沢では逃げていくニホンジカをちらっと見た。シカがいることがわかったのでゆっくりとシカに会いたいと思い、その2週間後に再訪し、シカも探した。静かになった夕方の林道でついに親子連れのシカに出会えた。じーっとこちらを見ているくりっとした眼、均整のとれた姿。鹿害が問題になっているが、とてもかわいいと感じてしまう。シカがいても、ここは笹などが生えていて地面が露出していない。バランスがとれた動物と植物の関係になっているからだろうか。その後も、何度もシカに会うことができた。

２０１１年4月。夏鳥がまだ飛来しておらず、生き物は比較的静かな時期だ。ニホンジカに会おうと夕方の林道を走っていたら、道路沿いにキジのような野鳥がいた。縞が入った長い尾。これが噂で聞いたことがあるヤマドリのオスだと思った。長い尾とその色模様、よく見ると胴体のまだら模様も複雑

見つめ合ったニホンジカ

で、顔の赤褐色も渋い。ヤマドリは日本にしかいない日本固有種で、万葉集などで歌われるほど、昔からなじみの野鳥だったようだ。私は、長い間野鳥に興味をもっていたが、今初めて、こんなに趣のある鳥に出会ったことに驚いている。

(3) 多様な生き物が棲む森

林道の木々の合間から唐松尾山方面や一ノ瀬の集落などの多摩川源流部が見える。そこからの景色には、カラマツの植林が結構たくさんある。源流部でも天然の落葉広葉樹主体の森は決して多くない。そう考えると、この付近のブナ林は人間の手が入っていない貴重な森だ。たくさんの植物が自然のままに生きようとしている。そうするとその植物の葉や花の蜜、実などを食べる動物たちも変化に富む。

ブナ林の美しさ、それは、樹の美しさと森が育む生き物の多様さだとつくづく思う。

6. 人を寄せつけない深い谷

（1）多摩川上流の深い谷

多摩川の上流には、人を寄せつけない世界がたくさんある。数え切れないほどの水源からの水は山の斜面を小沢となって流れ落ち、合流を重ねて渓流となる。その水はときに強い流れとなり、岩を削り、深く荒々しい谷をつくってきた。この深い谷には物好きな釣り人か沢登り屋しか入らない。釣り好きの私も、この荒々しい上流部で釣りをしようとやってきた。

最上流の一ノ瀬川は、「一ノ瀬渓谷には1人で行くな」と地元でもいわれているくらいの激しい地形だ。一ノ瀬川沿いの林道は、丹波川出合いから石楠花橋まで、川から100メートルくらい高いところを走る。林道からは川の姿がほとんど見えない。大常木谷が合流する付近に、林道からおりる踏み跡のような細い道がある。そこから私は1人でおりようとした。ところが、下降点には「この附近は転落死亡事故多し！　入山者は特に注意しましょう」と書かれた看板がたっている。肩幅ほどの道は急な斜面で、両側が深く絶壁のように切れ込んでおり、高度感がある。山歩きに少しは慣れている私でもブルッとくる。我慢しておりるが、さらに斜面は急になる。急坂すぎて道の先が見えない。「これは、危ない」と思った。ここから先は異常な急斜面で高さもあり、落ちると……だ。臆病な私は、無理をせず、あきらめて引き返すことにした。

（2）泳いで越えた淵で大岩魚が釣れた

一ノ瀬川が丹波川となった下流域も、近づけない谷がしばらく続く。少し穏やかで河原がある三条ヶ原からその区間に入ろうと試みた。最初に現れる難関は、犬も押し流されたといわれる「犬戻り」という淵だ。この淵の下流側では何度か釣りをしたことがあるが、上流側は両岸がきりたった岩で、流れが深く、胸までのウェダーを履いても歩いては行くことができなかった。それでもなんとか行ってみたかったので、この淵を泳いで越えようと、何年か前の夏のある日にチャレンジした。渓流用のシャツとタイツを着て水泳用のゴーグルをつけ、ザックを背負って水に入る。川ではクロールは駄目で平泳ぎと聞いていたが、確かにクロールでは前に進まず、なぜか平泳ぎでは流れがあっても進んでいく。前も見える。

泳ぎきったところで地面にあがり、念願の淵の落ち込みで釣りをした。すると、すぐにいい型のイワナが釣れた。多分、人が入っていないからだろう。目的達成でいい気分になる。しかし、その上流にもまた岩に囲まれた深い淵がある。ここも両岸がきりたっており、泳いでいってもその先が岩だらけ。どこに取りついていいかわからなかったので、無理をせずにあきらめた。ここから上流は、泳ぎだけでなく、岩登りの技術も必要だ。

泳いで越えた深い淵

(3) 源流部の美しい沢

山奥の林道で出会った人と話をしていて、聞いたことのない沢を教えてもらった。地図にない山道を1時間以上歩いて入る源流部の沢だ。どんなところか興味があったので、数年前に行ってみた。クマが出そうな雰囲気で、きりたった崖の上を歩く危険な場所もある。ようや

源流部のヤマメが釣れた滝

源流部の美しい天然ヤマメ

くたどり着くと、本当に美しい沢だった。さわやかな透明感のある水や苔むした岩、周囲の天然林。さらにうれしいことに、天然と思われるきれいな中型ヤマメがぽつぽつ釣れる。魚影は濃い。周りが天然林なので樹木から川に落ちる虫が多く、魚の餌も多いのだろう。ここに入るのは大変なので最近は行かないが、今でも「天空の楽園」のように思っている。

多摩川上流には、このように入ることが困難なため、多くの人が見逃している楽園がたくさんあるのだろう。

（注）渓流は、山地で最も危険ともいえるところなので①経験者と一緒に入る②足周りなど装備を渓流用とする③不明確な場所に入らない④大雨のときは増水の危険があるので入らない⑤安易に泳がないなど、十分な注意をする必要がある。

（4）いつまでも残って欲しい渓谷

山に登るのと同じように、谷を行く物好きがいる。荒々しい渓谷は、全くの野趣な雰囲気で、物好きを満足させてくれる。日本には谷がたくさんあるが、道路や堰堤工事などの土砂で淵が埋まり、荒々しい谷は減ってきている。

多摩川上流の谷は、東京近くであっても、嬉しいことに開発はあまりされていない。人を寄せつけない谷が残っていることは自然が破壊されていない証。そのままいつまでも残って欲しいと願ってやまない。

7. 野生哺乳動物との出会い

(1) 人よりシカが多い奥多摩の山

冬枯れの静寂とした登山道を歩いていたら、突然「キー」と叫ぶような声がした。何かと思ったら、斜面の樹間に白い尻の大型動物の後ろ姿が見えた。何年か前、初冬に小川谷から酉谷山に登っているときのことだった。この日、登りでは一回だけだったが、下りのときには、登山道の両側でその「キー」という声が聞こえ、その後、右左から次から次へと何頭も現れ、私1人が取り囲まれているような状況になった。姿からニホンジカとわかり安心したが、誰もいない登山道で、1人緊張した。

本格的に野生動物を追いかける前から、多摩川流域の山地で野生の哺乳動物に何回かぱったりと出会っている。特にニホンジカには度々会っている。

シカが増えたことは「鹿害」と呼ばれるほど問題になっている。川苔山付近では、シカが草木を食べつくして山の斜面の緑がなくなり、ガレのような場所があった。2005年に行ってみたが、石だけがゴロゴロする悲惨な光景だった。また、驚いたことに、そこに登る途中、青梅線鳩ノ巣駅から30分も歩かない林道でニホンジカに会ったのだ。人家近くにも来ているほど増えているといえる。私は、シカの足跡などの痕跡を五日市線武蔵五日市駅から少し入った市道山や上川乗付近でも見ている。高尾山までは来ていないと聞くが、近くに棲むようになっている。シカがいる痕跡は、足跡やフンでわかる。足跡は二つの蹄が「こ」の字のようになってやわらかい地面に残り、フンは長さ1・5センチくらいの黒い俵型で、何十個とまとまってある。植物好きの方には迷惑な存在だが、すらっとした脚、くりっとしてかわいい眼など、私はとても美しい生き物と思っている。最近、何度かじっくり見る機会があっての感想だ。

(2) いろいろな動物との遭遇

上流にはカモシカも多くいるようだ。私が会ったのは一ノ瀬川で釣りをしていたときで、左側の斜面からおりてきて右の岩陰に消えた。ニホンジカよりも黒っぽかったのでクマかと思い、一瞬びっくりしたが、体形が丸くなかったのでカモシカだとわかった。おりてきた斜面はずいぶん急で、人間だったら岩登りするようなところだった。あとで何人かの人に聞いて知ったが、そんなに奥でなくても、奥多摩湖のダムサイト周辺や日原集落付近にもよく出るらしい。ニホンジカほど数は多くないが、集落に近いところにも棲んでいる。その後多摩川流域ではないが同じ山梨県の車道近くで三度会ったことがある。どれもそれほど山奥ではなかった。遠くで見ていれば、逃げずにゆっくりした動きでこちらをじーっと見ることもある。性格が穏やかな動物のようだ。

クマは奥多摩では会っていないが、奥多摩湖付近から奥に棲んでいるらしい。２００８年に奥多摩湖のダムに近い倉戸山付近で、登山家がクマに襲われたと新聞報道されたことがあった。私も奥多摩湖南岸の月夜見山付近で、太い木の幹にクマらしきツメ跡を見たことがある。日原の奥や小菅の集落付近にはクマ棚があるし、五日市の上川乗付近にはクマ出没注意の看板がある。カモシカよりクマの方がやや広く活動しているようだ。一般的にクマは危ない動物のようにいわれるが、ツキノワグマは、天然の森の恵み、植物の花や実を食べて自然に暮らしていて、穏やかな性格だ。私はある山奥の道でばったり出会ったが、まるっぽく、眼もぱっちりしていて、かわいいとも思えた。

泉水谷ではおもしろい動物を見た。川の中で釣り餌にする川虫をとっていたとき、岸を見るとねずみのような20センチくらいのふっくらした動物がいた。慌てたように下流側に行こうとしたあと上流側に行き、岩の間を一生懸命掘るようにしている。餌を探しているようだ。意外にも逃げないでいる。その

林道沿いで会ったカモシカ

後、下流側に移動し、動き回る。「ちょこちょこ」と動き回る様子がおもしろい。その後は水に流されてしまった。「大丈夫か」と心配していたら、すぐに流れ着いた水辺の岩に出てきて動き回る。今度は相当強い流れがあたっても岩にへばりついて流されない。そのうち、わざとではないかという感じで流されながら下流に行く。浅い場所でまた岩の上に出てくる。

帰ってから調べるとカワネズミだった。ネズミではなく、モグラの仲間だ。川の渓流域に棲み、泳ぎや潜水が得意で、小魚や川虫、サワガニなどを食べる。河川の環境破壊で生息域が減り、県によってはレッドリストにあがっているところもあるという。「そうか、泉水谷のような自然がそのまま残っている渓流にしかいない珍しい動物なのか」とあらためてかわいい姿を思い起こした。

泉水谷では、釣りの帰りに暗くなった林道でテンにも会った。車の前を2頭が横切っていった。以前、雲取山の頂上でオコジョを見た。テンやオコジョはイタチの仲間で、夜行性なのであまり見かけないが、テンは少し入った山地に普通にいるようだ。高尾山付近でもテンのフンをよく見かける。テンは縄張りを主張するため、石や切り株など目立つ突起物の上に数センチの黒っぽいフンをするのでわかりやすい。高尾山ではリスやムササビにも会っている。

多摩川周辺には、ハクビシン、アナグマ、タヌキ、キツネ、イタチ、ニホンザル、イノシシなど多くの動物が棲む。どの動物も、意外と人里に近い場所に棲んでいる。高尾山では、イノシシが地面をひっくり返した跡をよく見る。タヌキとなると、実は、新宿御苑の中など、緑の多い都会の公園にも棲んでいる。

渓流を自由に動き回るカワネズミ

(3) 東京近くの動物たち

都会に住んでいる多くの人は、人間以外の哺乳動物は近くにはいないものと思い込んでいるだろう。しかし、私はここ何年か多摩川流域に通って、「そんなことはない。都会近くの自然の中で、哺乳動物も一緒に生きている」と思うようになった。

しかし、考えさせられることもある。狭山丘陵の道を走っていたとき、タヌキが路上で死んでいた。丸々とした身体が横たわり、それを避けて車は走っていた。

奥多摩のニホンジカやサルは害獣とされ、場所によっては銃で駆除されている。高尾山付近でも、イノシシ捕獲のための罠がある。一方で外来種が進出してきている問題もある。例えば、ペットとして移入されたアライグマが野生化して農作物に被害を与えたり、イタチなどは他の哺乳動物を追いやったりしている。あきる野市や福生市など人家の周辺で起きている問題だ。

いい、悪いはともかくとして、人間社会との接点でこういう現実があること、そして、その原因が人間にあることを認識しなくてはならないと思っている。彼らの棲み家の森を減らし、いなかった動物を移入したなどと……。

路上に横たわるタヌキ

8.「松姫峠」付近を猟師と歩く

(1) 猟師と一緒に歩く

何年か前に多摩川源流を「猟師と一緒に山歩き」という東京農業大学オープンカレッジの講習会があった。何か違った世界を体験できそうなので参加した。

奥多摩湖の上流、小菅村にある多摩川源流大学という施設で、多摩川源流域の動物などについて説明を聴いた。写真で見せてくれたが、付近にはツキノワグマ、ニホンジカ、イノシシ、テン、ニホンザル、アナグマ、キツネ、カモシカ、タヌキなど、日本の主要哺乳動物のほとんどが棲んでいる。

その後、バスで松姫峠に移動した。峠では、4人の猟師が待っていた。班に分かれ、猟師と一緒に観察開始。鶴寝山に登っていく道の横でシカの足跡を見つけてくれた。その先にシカのフンもある。鶴寝山の南側には、イノシシが地面をひっくり返した跡が広がっている。4、5頭で荒らしたようだ。頂上に着くと、木にクマの爪跡がある。動物そのものは現れないが、いろいろな跡がある。

頂上から西にしばらく歩くと、峠のような場所から道がない斜面をおりていく。緩やかな谷状になったところに小さな水溜まりがある。そこは「ヌタ」と呼ばれ、動物が集まるところだ。ヌタの周りには獣道がいくつかできている。沢のはじまりのような窪地で、イノシシはここで泥浴びをする。猟のとき、犬が動物を追うとヌタに来ることが多いので、撃ち手は

緩やかな窪地の「ヌタ」(動物が集まる場所)

ここで待つという。

歩きながら、猟師が猟の仕方を話してくれた。朝8時頃に村を出て10時頃に人の配置が終わり、開始する。共同作業で、犬追いをする人、待って撃つ人に分かれる。イノシシやニホンジカといった獲物は、昼には活動しないで「ネヤ」と呼ばれる寝る場所にいることが多い。そこを犬が囲んで追い、撃ち手が待って撃つ。早ければ30分で獲物がとれて終わるが、一日かかってもとれないこともあるそうだ。

(2) 動物を食べて

観察が終わり、宿での夕食のとき、焼いたシカ肉とイノシシ鍋を食べた。シカは、パサパサしていて味がいいと感じるほどではないが食べられた。イノシシは、脂がのっていてくせがなく、おいしかった。こうして猟でとった動物を食べるということは、山村ではごちそうだったのだろう。

強烈だったのは、タヌキの皮剥ぎを見てその肉を食べたことだ。2、3日前にワナにかかったタヌキが地面に敷いた紙の上に横たわっている。猟師がナイフを入れる。手クビのところから皮を切り、剥いでいくと徐々に肉が見えるようになる。やがてピンクの肉の塊となる。脚をとり、そこの肉を切り落とす。すると、肉屋で見るような肉片になる。魂ある生き物が物体としての食肉に変わった。普段食べている肉も、このような命からのものである。昼食のときにその肉を焼いて出してくれた。試しに食べてみた。脂ののった豚肉のようで、くせのある後味が少し残ったが、食べられないことはない。

そのほかに、動物をとるワナの実演をしてくれた。バネの力を利用した仕掛けで脚をひっかける。これを使っての猟も行われている。さらに、近くにあるクマ棚に案内してくれた。クリの木の上に折った枝が大きな鳥の巣のように積み重ねられていた。驚いたことは、集落のすぐ近くにクマが来ていたということだ。元々は、人が栗をとるために植えたクリ林だが、人が栗をとらなくなったからクマが食べに来たのだ。過疎化

クリの樹にあったクマ棚

が原因のようだ。猟についても、過疎化で高齢化が進み、猟師が減っているという。昔、動物を山に追いやった勢いが、今の山村にはないようだ。

大型の哺乳動物は人間に近いので、それを殺して食べることはかわいそうと思う気持ちがある。しかし、猟は昔からあたりまえに行われ、人間の暮らしに必要な活動だった。種が絶滅しない範囲で、むやみにとらなければ問題なかったのだろう。問題は、人間が食用以外の目的で殺傷することだろう。その一つが、直接殺さなくとも、その動物の生きる環境をなくしてしまうことだ。それは、猟と比較にならないほど大量の命を奪うこともある。

私たち人間は、そのことを気がつかないまま自然環境を破壊し、たくさんの生き物を滅ぼしているのではないだろうか。

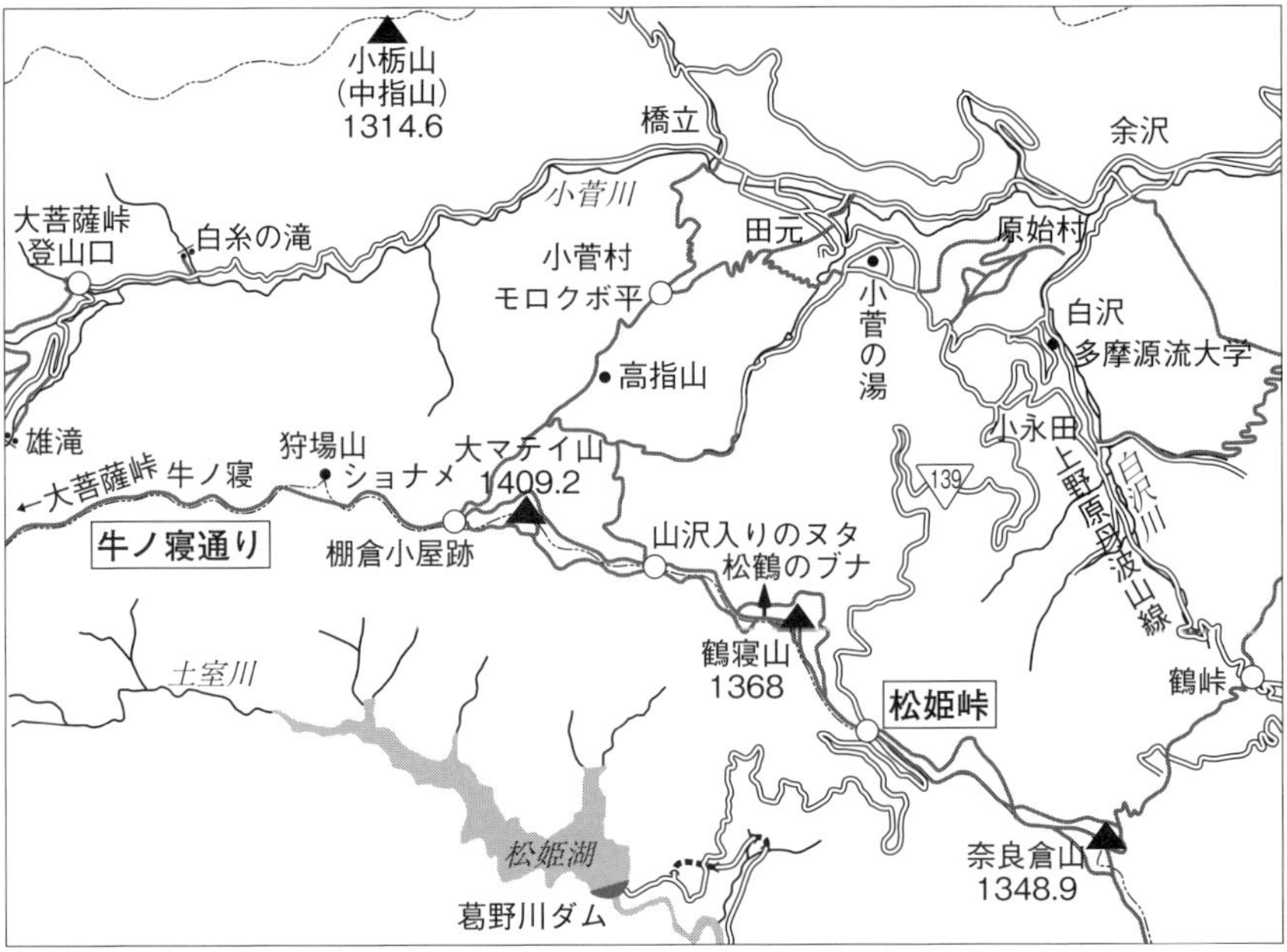

小菅村付近（牛ノ寝通り・松姫峠など）

9.「雲取山」登山での動物との出会い

(1) 雲取山に登る

多摩川流域の名峰といえば雲取山だろう。故深田久弥選定の日本百名山の一つにもなっていて、東京都の最高峰（2017メートル）である。

2006年8月、息子と一緒に東京都で最も奥深い日原谷から登った。午前10時頃、バスの終点の東日原から歩きはじめる。日原林道に入ると、路面の水溜りで何匹かの黒いアゲハチョウが吸水している。翅の模様から、ミヤマカラスアゲハのようだ。飛び立つと青緑の輝きがひらひらと見え、とても美しい。その先ではヒョウモンチョウの仲間も現れた。

2時間半程の長い林道歩きが終わると、大雲取谷沿いの登山道を登る。谷の急斜面を剥《へず》る細い道なので、足を踏み外すと深く滑り落ちてしまうようだ。ところどころガレている場所もあり、緊張する。こんな道が3時間くらい続くのだから、本当に奥深いと実感する。尾根付近

登山道から見た大雲取谷

に来ると、ホオジロ、カケスなど野鳥も賑やかになる。尾根に出て少し歩き、17時少し前に雲取山荘に到着した。

(2) 頂上と尾根での出会い

雲取山荘から頂上へは、奥秩父らしい苔のきれいな林の中を登る。

翌朝6時半頃出発し、1時間もかからず頂上に出た。大菩薩をはじめ付近の山々が見え、気持ちがいい。休もうとしたとき、息子が「何かいるよ。ねずみをくわえている」という。見ると、猫くらいの大きさのスマートな白と灰色の動物が岩の間を走っている。一旦岩陰に入ったかと思ったら、一瞬こちらに愛らしい顔を向け、向こうへ消えていった。オコジョのようだ。

今度は、反対側の草原を見ていた息子が、「黒と白の模様の蝶がいる」という。「アサギマダラだ！」と直感する。何匹もいる。ヒョウモンチョウもいる。美しい蝶たちが、黄色い花を点々と飛び移っている。

充分、蝶ウォッチングを楽しんだあと、石尾根を下る。南側の眺めがよく、ところどころに頂上と同じ黄色い花がある。なぜかほかの花は見あたらない。時々その花にタテハチョウの仲間がとまっている。野鳥のさえずりもよく聞こえる。ウグイスが多いが、「ピッ、ピロロロロ～」というコマドリの美しいさえずりを何度も聞くことができた。七ツ石山、千本ツツジと続くゆるやかな尾根道を、眺めや生き物との出会いを楽しみながら下る。

鷹ノ巣山の避難小屋付近で、林の中にニホンジ

草原が続く雲取山山頂付近

山頂付近の花にきたアサギマダラ

カを発見。山頂側に移動し、林から稜線のひらけた道を横切って、南側の林に消えていった。「やはり奥多摩はシカが多い」と感じる。

鷹ノ巣山の頂上には12時頃着いた。南側の見晴らしがよく、気持ちがいい。頂上付近にはお花畑があると思っていたのに、花はあまり咲いていなかった。

鷹ノ巣山からは稲村尾根をおり、日原に下山した。山頂を12時半頃に出て15時半に到着した。意外にも太いブナの木が点在する天然の雰囲気の森の尾根だった。本格的な山登りで、二日間歩き通しだった。下山したときは脚が棒のようになってしまい、ゆっくり歩くようだった。しかし、奥多摩の山と自然の豊かさ、奥深さを体感し、すがすがしい達成感があった。

(3) 帰ってから知った「ギョッ」とすること

帰宅後、撮った写真で蝶の種類を調べてみた。ヒョウモンチョウは大体がミドリヒョウモンだが、日原林道で見たのはクモガタヒョウモンだ。石尾根でよく見たのはウラジャノメらしい。高いところに棲む蝶で、東京ではこの石尾根付近にしかいない珍しい蝶だという。石尾根で見たタテハチョウは、シータテハ・エルタテハで、どちらも私にとって初めて見た蝶だ。たくさんの蝶に会い、オコジョやシカとの遭遇もあった。

奥深い山と森以外にも、動物との出会いがあり、自然味あふれる山行で、いい思い出になった。

ところが、後日、意外なことがわかった。雲取山山頂や石尾根でたくさん咲いていた黄色い花は、マルバダケブキだった。おかしなことに、ほかの花はほとんど見あたらなかった。このマルバダケブキは、シカにとってはおいしくないらしく、食べないという。他の花の咲く草は、シカが食べてしまったということだ。鷹ノ巣山頂上付近にお花畑が見当たらなかったのはシカの影響なのだろう。シカが増えたことにより草花が減り、生き物の構成が変わっている。将

石尾根稜線を横切るニホンジカ

来はどうなるのだろうと考えるとギョッとした。

ニホンジカが増えている大きな要因は、天敵のオオカミがいなくなったことと、温暖化で関東付近の積雪が少なくなり、越冬が楽になったことらしい。オオカミが絶滅したのは都市化の影響、温暖化も人間が化石燃料を燃やすことによる二酸化炭素増加の影響のようだ。結局、人間が原因でこのようになっている。ニホンジカ自体が悪いわけではなく、とても美しい生き物だ。また、シカに食べられる花も美しい。奥多摩の山で今おきている、人間の影響とも思われる生態系の異変を知り、複雑な気持ちになっている。

（注）奥多摩、特に日原からの登山道は、土砂崩れ、落石の危険等で通行止めになることがよくあるので、事前に道路状況を確認されたほうがよい。奥多摩ビジターセンターのホームページなどに掲載されている。２０１２年２月現在、大雲取谷沿いの登山道（大ダワ林道）は通行止めとなっている。

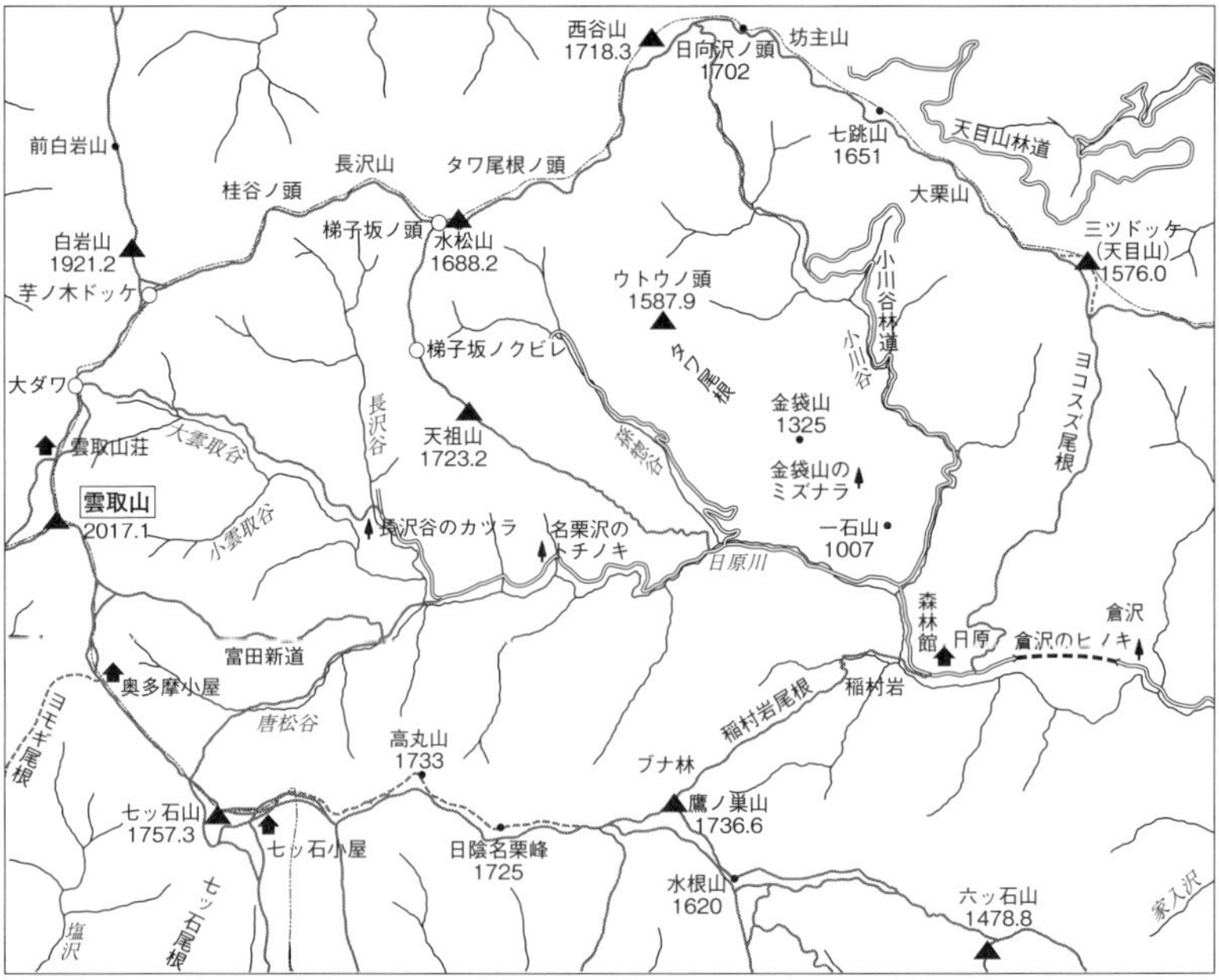

日原谷と雲取山などの山々

10.「日原」の多様で複雑な森

（1）動物の痕を探す

日原の奥は、多摩川流域で最も自然度が高い地域の一つだ。しかし、何度か雲取山方面に伸びる日原林道や大雲取谷に行ったが、あまりに雄大で奥深く、捉えどころがわからず、なかなかその野生味を感じることができなかった。

２０１０年2月、真冬の日原で(財)科学教育研究会の「動物の痕を探す」という観察会があると知り、参加した。日原の集落から日原林道に入り、渓流釣り場の付近に来ると、電柱の上に大きなキイロスズメバチの巣があった。それに驚いていたら、足元に黒いフンがある。講師が割り箸でほぐしはじめる。毛が多いので、動物を食べたものだ。骨は入っていないのでネズミより大きめな動物を食べたようで、多分キツネのフンとのこと。その後しばらく歩いてから見つけた路肩のガードの上にあるフンをほぐしていくと、細かい毛と2ミリ程の小さな白いかけらが出てきた。ぎざぎざがある。それはネズミの顎の骨で、ぎざぎざは歯だという。ネズミの骨が出てきたので、テンのフンだという。次にあったフンもテンのものだというが、こちらからは2、3ミリの「へ」型のものが出てきた。クモの手先らしい。こんな小さなものもよく探し出すものだと驚く。ほかにも、ムササビの食痕のあるスギの実、尾根の上の方にはクマ棚、道路沿いの雪の上にシカの足跡、草の先だけが食べられたシカの食痕、雪の上にリスの足跡、オオバアサガラの樹皮にはサルの食痕、シカのフンなどを見つけた。普通では気がつかないものをいろいろ教えてくれた。

途中、カラ類の混群を見ていたら、誰かが「あれ何、タカ？」と叫ぶ。見上げると、真上に大きな猛禽類が飛んでいる。尾に縞があり、先が丸く出っ張っている。迫力ある大きさ、クマタカのようだ。数少ない森の王者で、何人かが、「すごいものを見た！」などと感嘆の声をあげた。

　哺乳動物の姿は見られなかったが、次から次へと様々な動物の痕を見た。フンの中からもいろんなことがわかるものだとつくづく感心した。そこには食物連鎖による「生き物のつながり」が見えていた。

(2) 複雑な原生林

　後日、観察会の講師が書いた文献(*)を見つけ、読んでみた。

　この日原の原生林は、「ブナがあってもブナ林と呼べるほどではないし、イヌブナ林でもないし、ミズナラ林と呼べるかと思えば、50メートルも離れると、もうミズナラは目立たない」。「こんなに多様な森が東京都にあったということも驚きだった」というくらい複雑だ。筆者らは、この大雲取谷沿いの一画を調査した。0・98ヘクタールの中に、林冠木になる種だけで19種、亜高木種、低木種をあわせて52種の樹木が記録され、ここは『際立った多様性を示している』という。

　これを読んで、やはり日原の奥は自然度が極めて高いということを知った。

　その複雑な森を体験しようと、大雲取谷に行ってみた。日原林道から登山道に入り、途中から大雲取谷へおり、沢沿いを登る。しばらくは歩きやすい。美しい渓流で、見上げる森も広葉樹ですがすがしい。岩がブロック状に崩れている場所がある。崖錐というのだろうか。岩の苔むした緑が、長い年月、そのままであったことを示している。

　やがて正面に岩に囲まれた数メートルの滝が出現。右岸に巻き道があり、高いところまで登れるが、へつりの下が絶壁で危なそうなのであきらめ、戻ることにする。

テンのフンをほぐす

⇒

フンから出たネズミの骨

カツラの巨木と周辺の森

やはり、この谷は甘くないと感じるが、ふと下流側を見るとなだらかな斜面にいろんな木がある。見上げると、とても大きな木を見つけた。カツラだ。近くに行ってみると、巨樹として知られる幹周り6・4メートルの長沢谷のカツラより太いようだ。こんな巨木がこの谷にはたくさんあるのだろう。そして、その周りには、私には判別できないいろんな木がある。あまり上流に行くことはできなかったが、この木と多様な美しい森に会えてよかったと思いながら下った。

結局、この谷に残る野生の生の姿は、まだわずかしか見ていない。奥深い大自然の姿を人の目で見ることは、難しいようだ。

（＊参考文献）『なぜ奥多摩の森は複雑なのか？』森広信子（「植生環境学」水野一晴編、古今書院）

11.「巨樹ウォッチング」で感動する

（1）巨樹を知る

「巨樹」を知ったのは日原でのことだ。

数年前、渓流釣りに行ったとき、日原森林館に立ち寄ってみた。ここで巨樹に関するビデオや展示を見て、巨樹の捉え方を知った。巨樹とは、「地上から1・3メートルの位置で幹周が3メートル以上の樹木」と定義されている。ちょうど大人の胸の位置で直径が大体1メートル以上の木だ。

奥多摩町では、891本の巨樹が確認され、日本一だという。「ほーっ」と感心するとともに、「巨樹を見てなんになる⁉」という気持ちもある。が、「ものは試し。機会があれば巨樹を見てみよう。何か得られるかもしれない」と頭の中に収めた。

（2）巨樹を求めて

その翌年からは、日原方面に入ったときに巨樹の見学をした。

まずは倉沢のヒノキ。日原手前の自動車道から登る。ヒノキなので直立するが、「すーっと立つ」というイメージではなく、幹周が6・3メートルもあるので「ドーンと居座る」という感じだ。ヒノキというと植林の細くまっすぐな木を思い浮かべるが、この木は違う。幹の途中から伸びている枝が奇妙に並び、何かを語りかけているようだ。

次は、名栗沢のトチノキ。日原林道の途中、林道から少し山に入った斜面にある。幹周は5・5メートル。目の前の樹皮と根が荒々しい。ゴツゴツとした樹皮表面は力強く輝く。太い根は大地をしっかりととらえている。どちらも長い歴史を物語っているようだ。

そして、日原林道から雲取山への登山道にある長沢谷のカツラ。幹周は6・4メートルある。この木は、地上から幹の周辺にたくさんの小さな幹があり、太い幹も地上3メートルくらいのところで数本に分かれている。その分かれる様子が火柱のようにも見える。とても幽玄だ。

(3) 金袋山のミズナラ

金袋山のミズナラは、日原を代表する巨樹として紹介されている。

2006年8月、山の上にあるので、登山の覚悟で訪ねた。日原鍾乳洞付近の登山口から登る。森の中をジグザグな急坂が続く。ひと登りすると分岐があり、右に行く。さらに登り、尾根筋のような道に出ると完全に天然林となる。太いブナの木もあるいい雰囲気の森だと思って歩くと、斜めにそそり立つ巨樹が見えた。その姿を見て、これが金袋山のミズナラだとすぐわかった。幹周が7・5メートルもあるという太い幹が地面から斜めに生えている。黒い塊のような幹だが、5、6メートルくらい上で、3つの幹に分かれ、2つがまっすぐ上に伸びている。葉は大分高いところにあり、双眼鏡で見ると、確かにミズナラの葉だ。

倉沢のヒノキ

樹の背中のようなところに、細いがブナらしい木が直立に生えている。幹の真ん中のくぼみからだ。「こんなふうに木が生えるのか?」と不思議に思う。分かれた幹の一つは枯れている。樹皮が剥がれ、芯が見えている。上の方を見ると、丸い穴が2つ。キツツキ類の巣になったのだろうと思う。ムササビなども暮らしたことがあるのかもしれない。

枯れたこの幹の上に緑が見える。「生きているのか?」と思うが、双眼鏡で見るとミズナラではない。この枯れ枝に何かの草が生えたのだろう。それにしてもこの巨樹は、たくさんのほかの動物や植物などの生命を育んでいる。それは今だけではなく、これまでの長い時間、そしてこれからも数多くの動植物に恵みを与え続けるのであろう。

　見上げたところの幹の表面に、丸くこぶになっている部分がある。直径1メートルくらいで耳のように丸くなっている。「昔、大雪か何かで、太い枝が折れた跡かな？」と思う。長い間様々な環境からの試練にも耐えてきたのだろう。「計り知れない時間が凝縮されている」と感じ、時と自然の雄大さに触れたようで、自分は小さな存在だと思ってしまう。

(4) その後のミズナラ

　2年経った２００８年、再度、ミズナラに会うため金袋山に登った。

金袋山のミズナラ

前回とは違い、途中にある分岐を左側に行った。尾根に出て少し左に行くと見晴らしのいい場所がある。日原の深い谷と斜面の豊かな森、そして石尾根などのゆるやかな稜線がよく見える。

　そこから戻り、広い尾根を登っていった。いい雰囲気の中、また雄大なミズナラと会えるのを楽しみにして歩いた。しかし、久しぶりに見たその風景にがくぜんとした。樹の周りに囲いができている。伐った木の幹や枝を横にして置いたもので、ミズナラに近づけないようにしている。看板があり、そこには「樹勢を保つため、木に登ったりしないでください。ウッドサークルの外で見てください」と書いてある。木に登る人がいるとは驚いた。樹皮が傷つくと病気などにもなるのだろう。それだけでなく、たくさんの人に踏まれると根の付近の地面が硬くなり、水を吸収しにくくなるので、根に水がいかないからでもあるのだろう。少し残念だが、確かに大勢の見学者が来るならば近付けない方がこの木にとってはいいことだ。

この木のことが雑誌などに紹介され、多くの人が訪れるようになったのだろう。たくさんの人が自然の素晴らしさに触れることはいいことだが、訪れる人が増えるということは、こういう結果になる。人間社会の現実を山奥で見て、複雑な気持ちになった。

12. 渓谷で「バタフライウォッチング」を楽しむ

(1) 蝶に興味を持つ

雑木林の公園、小山田緑地を散策したとき、美しい蝶に出会った。野外に置かれた机にとまったその蝶は、黒っぽい翅に水色の線があり、夕陽を浴びて輝いていた。このときをきっかけに、「どうして蝶はこんなにきれいのだろうか? もっと美しい蝶がいるのではないか? そうだ、追いかけてみよう!」という思考が働いた。

蝶の本を何冊か買い、いろいろと調べてみた。公園で見た蝶はルリタテハだった。図鑑を見て、ほかにも色とりどりの多くの蝶がいることを知った。そして、その頃から野山で蝶も追うようになった。

印象に残る蝶との出会いは、2006年初夏の檜原都民の森でのことだ。笹尾尾根に登ろうと大滝からの三頭沢沿いの道を歩いていると、小さくて茶色っぽい物体が飛んでいる。以前の私だったら目に入らないくらい小さく、目立たない物体だ。それが、数メートル離れた葉っぱにとまった。初めて見るシジミチョウの仲間である。双眼鏡で見ると、ドレスのような美しい翅、大きな眼、飾りのような触角。ちょこんととまっている姿がとてもかわいい。

雑木林で見たルリタテハ

帰ってから調べ、ゼフィルスの一種のウラキンシジミとわかった。「ゼフィルス」については名前くらいしか知らなかったが、ミドリシジミ族のことで、蝶マニアの間では「森の妖精」とか「森の宝石」と呼ばれるほど、惹きつけられる美しさがあるらしい。私もいろんなゼフィルスの仲間に会いたいと思った。

（2）小川谷で見た蝶

その年の7月下旬、ゼフィルスに会うには少し遅いとは思ったが、ある本にゼフィルスがよく出ると紹介されていた日原奥の小川谷に向かった。林道を登っていくと、黒いアゲハの一種が路上に何匹もとまっている。こういう風景はいままで何度か見てきたのだろうが、関心がなかったので、気がついても「クロアゲハがたくさんいる」でしかなかった。しかし、興味を持ってよく見ると、翅の輝きが素晴らしいことに気がついた。カワセミのように、青緑

見る角度によって色が変わるコムラサキ

路上で輝くミヤマカラスアゲハ

色に微妙に輝いている。手持ちの図鑑で調べると、どうやらミヤマカラスアゲハのようだ。

十分楽しんでから先に行こうとすると、今度は、道路を横切る蝶がいる。少し茶色っぽい、中型の蝶。これも、以前なら気がつかない地味な蝶だ。しかし、道路沿いの石にとまった姿を見てハッとした。翅をひろげると微妙にムラサキ色が見える。オオムラサキかと思ったが、全体的に紫色ではない。コムラサキだ。

写真を撮りながらその蝶を追う。とまっては飛ぶの繰り返しで、遠くには行かない。不思議なことに、翅の色がときによって違って見えるのだ。ムラサキが輝くときがあるかと思えば茶色に見えることもある。どうやら見る角度によって違うようだ。その微妙な色の変化が実に魅力的だ。この日は、残念ながらゼフィルスには会えなかったが、この2種類との出会いで十分満足した。

（3）バラフライウォッチングも楽しい

蝶は、あざやかな色の種があるほか、季節、場所、植物などで出現する種類が異なる。雄雌で色が違う種別もある。行動も様々でおもしろい。アサギマダラのよう

に海を渡る蝶もいる。なんだか、野鳥に似ている。

ここでふと思った。野鳥の愛好家はとても多い。野鳥はかわいくきれいで、種によって違った習性があり、自然環境の象徴的な生き物とも見なされている。蝶のことを少し知って「蝶も同じじゃないか」と思う。それにしては、なぜか蝶の愛好家は見かけない。実際には蝶を愛する愛好家もたくさんいるのだろうが、数は比較的少なく、多分、一般の人が足を向けないような場所に行くのだろう。

しかし、それほど専門的にならなくとも、普通にハイキングするような場所でのウォッチングで十分に楽しいと思う。写真を撮るのもおもしろい。「バードウォッチングは人気があり、バタフライウォッチングはなぜ流行らない？」どうでもいいことだが、私はバタフライウォッチングもおもしろくなった。そのときまでは魚、野鳥、樹木、草花と、自然の中の生き物が好きだったが、また一つどきどきする生き物を知った。本当に自然の仲間は多種多様で、その出会いは楽しい。そう思って自然の中を歩くと、いろんな蝶とのわくわくする出会いが度々あった。

13．豊かな自然を楽しめる「三頭山」と「檜原都民の森」

（1）三頭山が自然公園になった

三頭山はずいぶん奥深い山だと思っていた。初めて登ったのは40年ほど前の学生時代だった。奥多摩湖畔から登り出したが、標高差が1000メートルほどあるので急坂が続き、時間がかかった。本格的な登山をする人しか登らないので登山者も少なく、静かな頂上で景色を楽しんだ。

1973年、近くの尾根を越える奥多摩周遊道路ができ、さらに、1990年に東京都の檜原都民の森ができた。山奥に二階建ての立派な森林館が建てられ、大駐車場も完備し、登山道も整備された。三頭山の近くにできたので、ハイキング気分で三頭山に登れ、付近の自然観察もできるようになった。

その都民の森ができてからしばらく経った2002年の秋、三頭山に登った。森林館から「大滝の路」と呼ばれる三頭大滝までの道を行き、三頭沢沿いの「ブナの路」と呼ばれる登山道に入った。サワグルミやシオジ、カツラ、カエデ類などの天然林の中、小渓流沿いの道は、太い樹、朽ちた樹と様々な木が目を楽しませてくれる。登りつめるとムシカリ峠に出る。峠から山頂への道でも、ブナなどの立派な木が目立つ。また、御前山や大岳山方面と、丹沢、富士山方面の山々が見える。そんな

美しい森の中の三頭大滝

周りの風景を楽しみながら頂上到着。ゆっくり歩きだったが2時間かからなかった。

下山は、東側の道から森林館へ1時間ちょっとで下れる。山そのものや景色は30年ほど前と変わらず、整備されても自然が残る山だ。昔と違うのは、誰でも登ることができるということ。軽装のハイキングの人が多く、犬を連れた人、赤ちゃんを抱いた人もいるのには驚いた。

（2）自然教室や観察会

檜原都民の森では、豊かな自然を題材に様々な自然教室や観察会が催されている。私が最初に参加したのは、2003年10月の紅葉の観察会だった。

森林館で資料による紅葉についての説明を聞いたあと、大滝の路からブナの路まで歩き、実際の木を見ながら解説してくれた。紅葉の時期なので、木の種類の多さ、色のあざやかさに感激した。カエデ類は日本に24種類あるが、ここだけで17種類あるという。

哺乳動物の自然教室にも参加したことがある。哺乳動物の多くは夜行性で、しかも警戒心が強いので簡単に観察はできない。しかし、ここでは建物の中から窓越しに観察できる。私の行ったときは、テンが何回かやってきて、黄色っぽい美しい冬毛をじっくり見ることができた。木の枝に登ったり、地上に立ったりと、いろんな動作をすることも観察した。また、朝になるとニホンリスも見ることができた。昼間の散策では、ムササビやモモンガの痕跡を教えてくれた。普段見られない生き物の生態を知ることができるとてもいい教室だと思った。

三頭沢で出会ったニホンリス

立った冬毛のテン

都民の森では、そのほかにも三頭山登山、バードウォッチング、昆虫観察、星座観察、季節に応じた植物観察などの自然教室が毎週のように行われている。また、都民の森以外の団体が開催する自然観察会もある。

2007年3月に参加した自然環境アカデミーの冬の観察会では、驚くほど楽しい体験をした。森林館の研修室で、森林館の方から説明があり、研修室の窓から見える斜面付近を観察した。そこにはたくさんの野鳥がやってきた。ヤマガラ、シジュウカラ、コガラ、ホオジロがたくさん見える。ゴジュウカラやカヤクグリも顔を出した。帰りがけにはベニマシコも現れた。一箇所でこれだけの野鳥を観察できたのは初めてのことだった。また、アカネズミも一瞬姿を見せた。その後参加した同じ自然環境アカデミーの5月の観察会でも、植物を含めいろいろな生き物が見られた。特に、珍しいアオバトの巣を見せてくれたほかにも、森の王者クマタカが飛んでいく姿も見ることができた。

（3）蝶を追って

蝶を目当てに1人で訪れたこともある。

２００６年と２００７年の７月には、森林館の前のヒヨドリバナにアサギマダラが来ていて、目の前で楽しめた。都民の森では、フジミドリシジミ、アイノミドリシジミなどのゼフィルスが出るという。三頭沢でよくみかけると聞いて何度か訪れた。しかし、残念ながら、２００６年に出会ったウラキンシジミ以外は見つけられていない。森の妖精は、簡単には姿を現してくれないよう

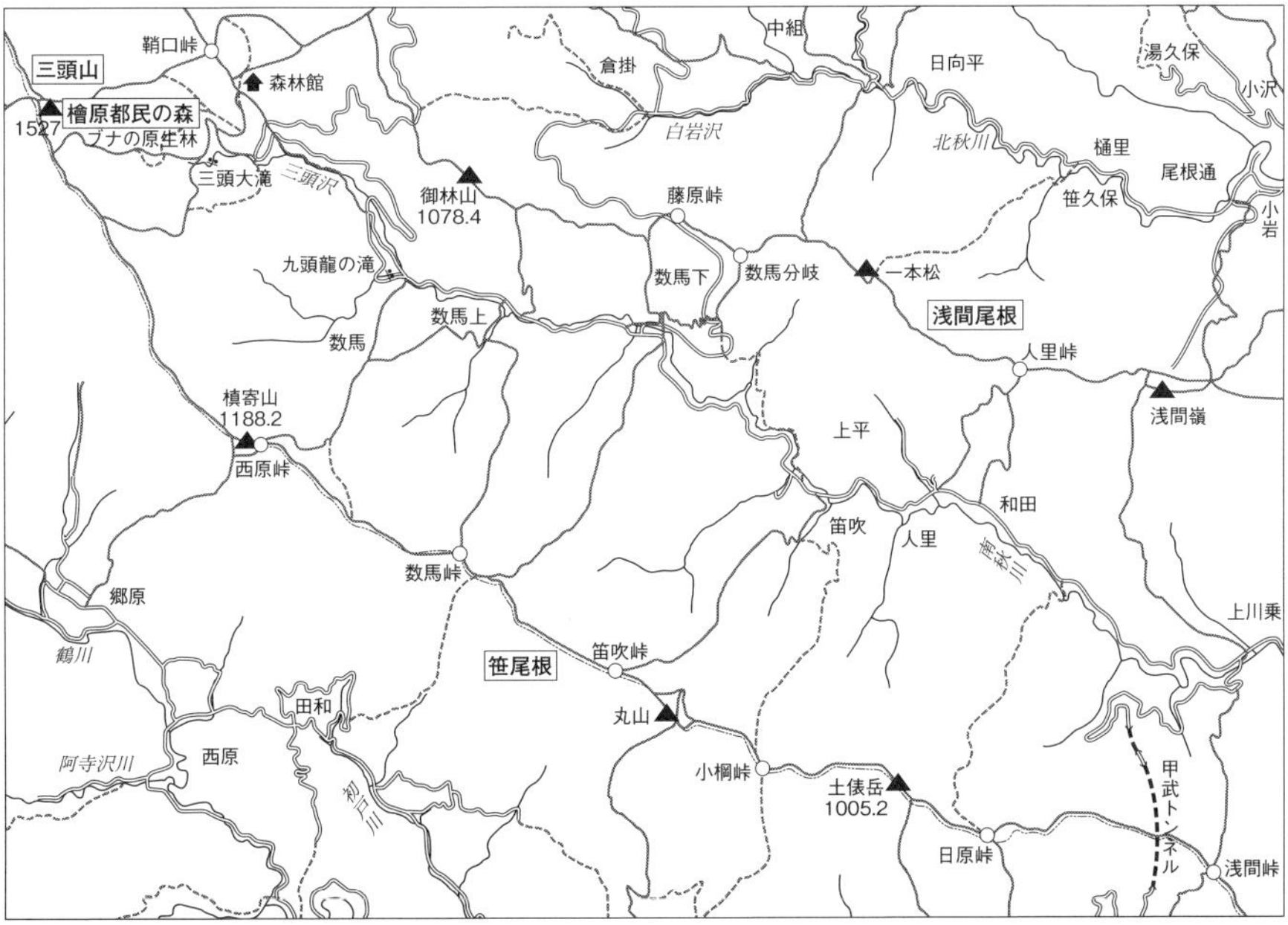

三頭山と付近の尾根（笹尾根、浅間尾根など）

だ。

それでも、この三頭沢付近を歩いていると、いろんな動物との出会いがある。オオルリやミソサザイ、キビタキがよくさえずっており、コマドリやニホンリスにも出会えたことがある。

本当に、東京近くで豊かな自然に触れられるところだと思っている。その背景には、天然の落葉広葉樹の森が広く残っているからだ。

14. 多摩川流域のブナの木

(1) 多摩川流域にあるブナ林

多摩川流域には、ブナ林がいくつかの場所に残っている。私が実際に歩いた場所でまとまったブナ林があったのは、柳沢峠付近のほか、日原、松姫峠、三頭山付近である。

日原では、金袋山にある有名なミズナラの巨樹を見に行ったとき、その周辺にブナが点在していた。また、鷹巣山から日原への稲村尾根をおりたとき、両側に太いブナの木が並んでいた。小川谷から長沢背稜にある七跳山に登山したときも、尾根付近に点々とブナがあり、源流部の大雲取谷の登山道沿いにも立派なブナの木があった。このように、日原川流域はブナが混じる原生林が広がっている。この流域の奥は簡単には入れない場所が多く、ほかにもブナの混じった素晴らしい原生林があることだろう。

小菅近くの松姫峠付近は、大菩薩方面の鶴寝山から西側にまとまったブナがあり、「松鶴のブナ」と呼ばれる巨木もある。その高さと枝の広がりには圧倒される。この付近は「巨樹のみち」と呼ばれているが、その名前を代表する木だろう。

元々ブナがあると知っていたのは三頭山付近。檜原都民の森には「ブナの路」がある。この道でも、低い場所

圧倒される大きさの「松鶴のブナ」

ではあまりなく、尾根上にたくさんある。特に避難小屋付近には巨木を含めて数が多く、見事だ。

これらのブナ林の共通点は、標高1100〜1600メートル付近で、植林を逃れた場所や尾根に多いこと、直径30センチ以上の比較的太い木が点々とある状態が多く、細い木は見当たらないことだ。もちろん、ブナ自体のすらっとした樹形、趣のある樹皮の美しさも共通。また、周りにカエデやカバノキの仲間などの樹種が多く、多様な葉や樹皮、変化ある樹木の形があり、森としても美しい。それらは「森の母」と呼ばれるくらいたくさんの昆虫、哺乳類などを育んでいる。

（2）観察会で知ったこと

山の自然学クラブの講習会で、三頭山のブナ林を研究した方に調査した場所を案内していただいた。檜原都民の森のブナの路付近の比較的ブナが残る尾根で、講師からブナの現状について説明があった。

講師たち(*)は、この付近のブナの分布を調べたところ、大人の木に比べ、子どものブナは少なく、特に、谷には幼木はあるが、尾根にはないという。谷の斜面は安定しないので、幼木があってもブナは育ちにくく、地盤が安定する尾根には子どものブナがない。その理由を調べたところ、現在の尾根は雪が積もらないので、ネズミが活発に活動する。雪が降っても尾根は根雪にならないので、冬のネズミ

三頭山付近のブナの高木

倒れたブナの巨木（子供は育たない？）

は上下に動いてエサを食べている。特に、ブナの実はおいしいので、ミズナラのように貯食されることはなく、すぐに食べられてしまう。

それでは、大人の木はなぜ尾根にあるのだろうか。それは、250~300年くらい前、江戸時代の終わり頃に、小氷期と呼ばれるくらい寒い時代があったからだという。八王子で1メートルくらいの雪が毎年降り、積雪のため実がネズミに食べられなかったのでブナが育った。今ある木は、その時期に生まれたものだ。小氷期が終わって雪が積もることが少なくなり、実が落ちても育たない。このままでは、今ある木の寿命がくるとブナ林はなくなる運命にある。その証のように、近くにブナの巨木が倒れていた。自然の植生は、長期的な気候の変化、その影響での動植物の行動に関係していることを象徴としている。この説明を聞いて、東京近くで見られるブナははかない運命にあると知り、ますます愛おしくなった。

(3)長期の気候変化と生態系

私は、いろんな動物に会えるブナ林がとても好きになり、よく訪れるようになった。東京近くのブナ林は樹種も多く、たくさんの動物を、葉、花、実などの食べもので育んでいる。しかし、おいしいブナの実は、ネズミなど哺乳動物の大好物。おいしすぎるから、守ってくれる雪が積もらなくなり、ブナはなくなろうとしている。

長い期間の気候の変化で生態系が変る。自然界では、生きものがつながり、そのつながりに気候などの環境が関係している。それはとても複雑で、何がどう影響するか、単純ではない。

(＊参考文献)『植生環境学』「三頭山のブナ林は絶滅寸前なのか?」増澤直(水野一晴編、古今書院)

15. 自然を楽しむ尾根歩き

(1) 尾根歩きの楽しさ

尾根歩きは、山の自然を散歩気分で楽しめる。普通、登山は山頂への登頂を目指すことが多いが、私は頂上にこだわることなく、尾根を単に歩く登山が好きだ。山の登り坂、下り坂は、苦しかったり、足元に神経を使ったりで、どうしても周りの風景への意識が低くなる。しかし、尾根道は登ってしまえば比較的平らな道をのんびり歩けるので、動植物との出会いを楽しめる。というわけで、多摩川流域の魅力的な尾根道をいくつか歩いてみた。春は草花、新緑、野鳥、夏は涼しい森や昆虫、秋は紅葉、冬は展望や野鳥など、季節に応じて様々な自然にふれあうことができた。

(2) 春の「浅間尾根」

２００６年のゴールデンウイーク。新緑やスミレ、ヤマザクラで山が色づく頃、浅間尾根を訪れた。

ヤマザクラと新緑の向こうには大岳山が聳える（浅間嶺から）

浅間尾根は、三頭山と御前山の中間付近から五日市方面に続く尾根である。私は数馬付近から登った。タチツボスミレやエイザンスミレが迎えてくれる。

尾根に出て見下ろす山肌は新緑の装い。さわやかな薄緑色の眺めの中、オオルリのさえずりが聞こえ、とてもすがすがしい。ちょうど夏鳥がやってきて姿を見せる時期だ。尾根は平坦な道が続き、ところどころにヤマザクラが見える。道沿いにはスミレ類のほかに、イカリソウ、エンレイソウ、チゴユリなどの花も見られ、辺り一面春気分。圧巻は浅間嶺の展望台付近。何種類かの桜の花が新緑の山景色と混ざり、とても美しい。青空に聳える大岳山や御前山の手前には満開の桜と様々な緑の新緑。言葉に余るほどの絶景を静かに堪能した。

（3）初夏の「笹尾根」

２００６年7月中旬、笹尾根を歩いた。

笹尾根は三頭山から東に長く延びる尾根だ。この尾根には檜原都民の森から登っていった。都民の森のブナの路を登り、ムシカリ峠で笹尾根に出る。そこから東へ向かう。辺りにはブナが点在し、登山道にブナの実がたく

紅葉に囲まれた尾根道（牛ノ寝通り）

さん落ちていた。その先にも天然林が続く。途中にある槇寄山では、たくさんの蝶が出迎えてくれた。目の前をヒョウモンチョウの仲間が横切り、草原には黒いアゲハの仲間がいる。しばらくして、草原に小さな目立たない蝶もいることに気づく。閉じた翅は灰色で柄もなく、特に美しいものではなかった。ところが、翅を広げると輝くような青緑色をしていてとても美しい。ムラサキシジミだった。こういう意外な出会いが楽しい。さらに、尾根道を歩いていると、突然、アサギマダラが現れる。目の前をふんわりふんわりと飛ぶ美しい舞いを見てうっとりする。この尾根道周辺には、植林がほとんどない。街中に比べて涼しい森の中を、生き物との出会いを楽しみながら歩くことができた。

(4) 秋の「牛ノ寝通り」

２００５年の11月上旬、紅葉の時期に大菩薩峠側から尾根道に入る。

牛ノ寝通りは大菩薩峠付近から東に延びる尾根。多摩川流域で最も奥まった地域の一つだ。大菩薩峠は人だかりができるほどの混みようだが、牛ノ寝通りに一歩入るとひっそりとしている。

尾根道は、赤や黄色の色とりどりの天然林の中に続く。右下に見えるのは相模川上流の葛野川。林道がずいぶん高いところまできている。ダム湖もある。左側は多摩川の源流の一つ、小菅川。こちらは森ばかりだ。多摩川の上流域はあまり開発されていない。

尾根から見た東京都心部の風景

歩いていくと、紅葉ばかりでなく、木の変化が楽しめる。立派な太い木、幽玄な様相の朽ちた木、枯れ木から新しい木が生えている親子木もある。緩やかで単調な道が長く続くが、様々な樹木が目を楽しませてくれるので飽きることはない。源流の屋根に広がる色づいた美林を独り占めしているようないい気分で歩いた。

(5) 冬の「北高尾山陵」

２００７年12月、冬の山は積雪や氷結の危険があるので低山を選び、天気がいい日に歩く。

影信山の北東にある北高尾山陵と呼ばれる尾根を、関場峠付近から東に歩いてみた。峠付近からは北側の視界がひらけ、大岳山や御前山など奥多摩の山々が見える。緩やかに登り下りを繰り返す。遠くに見える山々には針葉樹の植林が多いが、手前にはコナラなど落葉広葉樹が多く、冬だから落葉していて展望がいい。三本松山を過ぎた辺りからは、ところどころ東京の街の風景が遠望できる。さえぎる尾根がないので、近くの八王子付近はもちろん、新宿や横浜の高層ビル、さらに房総半島の山や筑波山まで見える。澄んだ空気ならではの遠望だ。冬でも晴れている日中は寒くない。風もなくてぽかぽかするくらい快適だ。人も少なく静かで、ときどきコゲラやメジロなどの野鳥が楽しませてくれた。冬の登山は花や蝶は期待できないが、景色や野鳥との出会いが楽しい。

16. 魚で賑わう「奥多摩湖」のバックウォーター

(1) 巨大なダム

多摩川上流の最大人工構造物は小河内ダムだろう。それによって生まれた湖が奥多摩湖だ。ダムサイトには、「奥多摩水と緑のふれあい館」と広い駐車場があり、ダムを中心とする観光地になっている。ダムの上に歩いて行き、下流側を見ると、巨大なコンクリートの塊が谷底深くから建っているのがわかる。その高さは、149メートルもあるという。ダムの上の展望塔から谷下を見ると、発電所の5階建てビルが小さな小屋に見えるほど高く、足がすくむ。しかし、その先には緑でつつまれた自然の渓谷がつながっている。変化ある谷側と、反対側の平穏な水面とが対照的な風景で、「自然を変えるとんでもないものをつくったものだ」と思う。

ダムサイトの山の斜面には桜が2000本も植えられており、花見の名所になっている。湖を俯瞰でき、景観もいい。また、桜ばかりでなく足元にはスミレなども多く、自然観察でも楽しいようだ。

この湖は、ダム湖沿いを青梅街道が上流側に続いているが、湖畔におりる場所が少ない。斜面が急で、いかにも深そうだ。もともとV字の渓谷に水を溜めたのだから仕方ない。しかし、水中は近づけないほどに未知の世界と感じる。釣り好きには、何が棲むのだろうかと、好奇心がうずく。

(2) 奥多摩湖での釣り

奥多摩湖での釣りは、ボートが禁止されているので岸からのコイ釣り、ヘラブナ釣り、ワカサギ釣り、ルアーによるバス釣りなどが行われている。また、湖への川の流れ込み部分であるバックウォーターで渓流釣りをする人も多い。私は渓流釣りが好きなので、何度かバックウォーター付近で釣りをした。

最初に入ったのが1996年6月。後山川を渡る親川橋付近のバックウォーターすぐ上に、丹波川になって最初の小さな堰堤がある。そこで初めて竿を入れたら、なんと良型のヤマメらしい魚がかかった。その魚はばらしたが、その後少し上流で、20センチほどのヤマメを2匹釣った。初めての場所にしてはいい釣りができた。魚影が濃いのだろう。途中で会った人の話では、7月8月には大きなマスがのぼるというので期待が高まった。

その後、丹波川に釣りに行ったとき、何度かこのバックウォーター付近で釣りをした。マス類の大物には出会わなかったが、33センチのハヤが釣れたり、オイカワやハスの20センチクラスが釣れたりと、ともに、その種としては大物が釣れた。

奥多摩湖と小河内ダム（左）

ある年の6月には、バックウォーターの後山川側で釣りをした。入ってすぐ、20センチくらいのヤマメが釣れた。そればかりか、湖の方におりていくと、なんと40～50センチの何かわからない巨大魚が何匹も泳いでいた。釣ろうと粘るが、餌を追わない。それとは別に、小さいオイカワが沢山食いつき、短時間で20匹くらい釣った。また、7月には、この付近の堰堤で21センチのイワナを釣り上げた。

（3）人工物でできた湖だが

このバックウォーター付近は、何が釣れるかわからない魅力がある。あの巨大魚はなんだったのだろうか。この上流には釣り上げられないような大ヤマメがいるらしい。出会った人がいっていた「マス」とはニジマスかもしれないが、遡上してくるサクラマスではないかと思っている。上流にヤマメが多いので、ヤマメがサケと同じ習性があることから、湖で大きくなって遡上しようとしていると想像している。

結局、この奥多摩湖は、ヤマメたちにとっては、海のようになっているということだ。そこは魚種が豊富で、小魚など餌も多く、大きく育つ。釣りをして、そう実感した。

ダムは技術によってつくられた人工物。せき止められた水は、それはそれで新たな生態系をつくっている。

(4)バックウォーターの変化

ここ数年、源流域によく行くようになり、この付近は通り過ぎるだけになっていた。最近、思い出したように親川橋から様子を見たのだが、少しイメージが変わっていた。バックウォーターらしくない。砂利の上を、浅い平らな流れがずっと続いている。湖の深みが下流側になったのではないかと思った。

少し戻ったところに小道があったので下りてみた。下ったところにある吊り橋から見ると、バックウォーターらしく湖の深みが見える。この何年かの間、過去にないような大雨があった。その影響で土砂が上流から流れてきて溜まったのだろう。「あーっ、確か、以前は親川橋付近をバックウォーターといったが、今はここになったのか」と思った。200~300メートルくらいのことのようだが、水辺が移動した。柳沢峠の水源林見学会のときに、小河内ダムの奥多摩湖は土砂に埋まらない「永久ダム」との話があったが、これを見て、「永久」は言い過ぎのように思えた。

どんな森があっても、いつかは土砂が流れ、川の姿は変わるもののようだ。

現在の丹波川バックウォーター(2011年)

17. 奥多摩湖下流の渓谷地帯

(1) 奥多摩湖の下に続く深い谷

奥多摩湖の下流は深い谷になっている。特に奥多摩湖から青梅線の終点奥多摩駅までは、急峻な谷で川におりる道も見あたらず、簡単には川に入れない。

渓流釣りに夢中だった頃、どんなところか、意外に魚が釣れるのではないかと、一度、行ってみたいと思っていた。また、この区間にある旧青梅街道は、「奥多摩むかしみち」としてハイキングコースになっていることも知り、２００４年８月、見学を兼ねて釣りをしようと訪れた。

青梅線奥多摩駅付近の青梅街道沿いの集落を過ぎた辺りに、車一台がやっと通れるような細い脇道がある。それが「奥多摩むかしみち」で、自動車、バイクが頻繁に通る青梅街道とは対照的に、ハイキングの人がときどき通るくらいの静かな道だ。昭和20年に現在の新道ができるまでは、東京と山梨を結ぶ住民の重要な生活の道として使われていたという。道路沿いでは、昔を偲ばせる観音様や道祖神、神社、滝などを見ることができる。

このとき、特に印象的だったのは、「しだくら橋」だ。この橋は渓谷上の釣り橋で、高くて揺れるのでスリルがある。その橋上から見る渓谷は、荒々しく巨岩が並び、「これは、絶景だ」と思った。橋の横にあった案内板によると「惣岳渓谷」といい、

しだくら橋から見た渓谷（惣岳渓谷）

太古以来、近くは明治40年の大水害によって、多摩川南岸の支流のしだくら谷より押し出された多数の巨岩怪岩が累々とした渓谷美だという。多摩川では、鳩ノ巣、御岳の渓谷と並ぶ景勝地と感じる。この橋の上流側は、ダム下のためか大石が少なく、流れも緩くて渓流らしくないが、支流のおかげでこのような美しい渓谷になっている。橋の傍らに、「スズメバチ注意」の立て札があったが、あまり気にせず、観光の次は釣りをすることにした。

(2) 渓谷で釣りをして見たこと

橋から下流側に行き、河原におりる道を探す。すぐには見つからなかったが、やっと見つけたわずかな踏み跡を行くことにする。その道に入ったとき、1匹の大きな黒と黄色のハチが寄ってきた。スズメバチだ。ギョッとしたが、ゆっくり歩いて下ると、いつの間にかいなくなった。

河原は巨岩と藪でとても歩きにくい。大石ばかりで、その間には草が生えている。川虫をとろうとしても、小石が少なくてなかなかとれない。この辺りはダムの放水

魚が沢山見えた大岩の間の淵

がときどきあるので、小さい石は流されてしまうのだろうか?

やっと見つけた小さい川虫をハリに刺し、目の前の淵に投入する。大岩の間の深い淵だ。すると、いきなりアタリがあり、いい引きで中型のヤマメが釣れた。夏の昼で晴れ。釣りには悪い条件だが、簡単に釣れた。その上も深い淵が長く続き、いかにも釣れそう。小さい魚がたくさん見える。「なんて、魚が多いところなんだ」と思う。しかし、エサがなくなり、ここでは十分に釣りができなかった。

さらに上流に行って川虫をとってから釣ることにした。期待が高まる。ところが、前方を見たら2、3メートルある巨岩の付近に虫がたくさん飛んでいる。よく見ると、岩にバスケットボールくらいの茶色い丸いものがついている。「スズメバチの巣だ!」周りにたくさんのハチが飛んでいるではないか。その横を通らずして上には行けそうもない。釣れそうな場所なので戻るのは惜しい。とはいえ、そこを通って無事にすみそうもない。「う~ん」と立ちすくんでしばらく「固まる」。が、やはりあの大きな巣を見ると危なすぎる。あきらめて戻ることにした。

そのときはあまりスズメバチの習性を知らなかったので、その後、本などを読んだ。そして、改めて近づかないでよかったと思うとともに、淵に入るときに見た1匹のハチのことを思い出した。「そうか最初のスズメバチは、偵察隊だったのだ」。

(3)奥多摩むかしみちを歩く

この日は、奥多摩むかしみちは一部の区間しか行かなかったので、2011年1月に奥多摩湖から奥多摩駅まで、全コースを歩いてみた。

11時頃歩き出し、ダム下から水根沢沿いの林道を少し登ると、沢沿いから東に尾根斜面沿いの道になる。この道からは小河内ダムと奥多摩湖の眺めが素晴らしい。青目立不動尊の付近からは車が入れない登山道にな

冬芽を食べていたニホンザル

る。落葉した樹木の下、いい雰囲気の道で、冬のためか野鳥がとても多かった。道は尾根をおり、ダム下で狭い車道に出る。そこからは、多摩川沿いのゆったりした道で、ところどころに集落や道祖神、地蔵などがある。しだくら橋を過ぎ、しばらく歩くと、白髭神社付近からは少し川から離れて高い場所の道になる。不動の上滝を過ぎると、昔、小河内ダム工事のときに使った鉄道線路跡の傍を通る。神社の横を過ぎると奥多摩駅近くの街に出た。16時40分頃奥多摩駅に着いた。

　地元の人に聞いたところ、この道にはときどきニホンザルやニホンジカ、そしてカモシカが出るという。また、この日はイノシシが奥多摩駅近くの林道に出て、捕獲しようと猟師が出たとも聞いた。私もダムに近い場所で二度ほどサルに出会っている。小河内ダム付近にはカモシカが棲んでいるらしく、ダムサイトの駐車場から見えることもあると聞いている。人里近いのに、野生動物に好かれている。それは、この辺りが川沿いで、いろんな樹種の木が残っているからだろうか。ダム下の区間、大きな人工物の下でも、それはそれであるがままの自然が残っている。

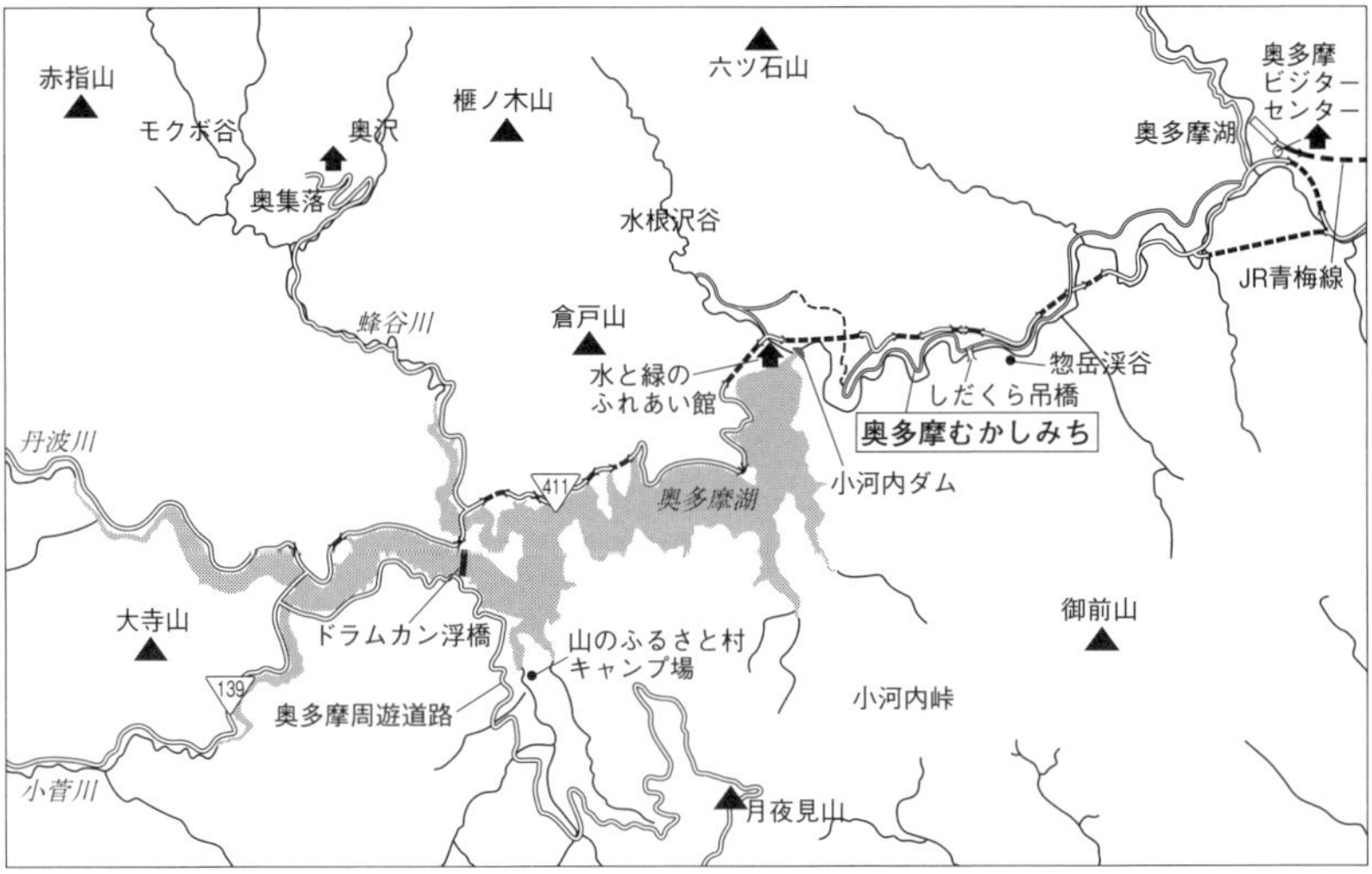

奥多摩湖とその周辺（奥多摩むかしみちなど）

第Ⅱ章　人里近くの山と川

御岳渓谷

18.「奥多摩町」の自然と人間生活

(1) 奥多摩町の調査へ

当時、小学生だった息子の夏休みの宿題が、「地域の研究」であった。それならば「奥多摩町がいいよ」と自分の興味本位で勧めてしまった。

2006年の夏休みの一日、息子と取材に出発。青梅線奥多摩駅近くの奥多摩ビジタセンターを見学したあと、役場に行ってみる。駅のすぐ横にある庁舎に入ると、真下に日原川が流れ、眺めがいい。渓流の上で仕事ができるなんて、うらやましいと思う。壁には奥多摩町全域の航空写真がかけてある。ほとんど全てといっていいくらい緑の山ばかりで、平らな場所がほとんどなく、道路沿いのわずかなところに住宅がある。観光産業課に行き、「息子の宿題で、奥多摩町を調べようと思っているのですが、何か資料がありませんか?」と聞く。係の女性が親切に応対してくれて、資料を別の部屋まで取りにいってくれた。それにしても、この課は机がたくさん並んでいるのに彼女一人しかいない。そのときはたまたまほかの職員が不在だったのかもしれないが、都会の役所と違って訪れる人も少なく、のんびりした雰囲気だ。

役場を出て隣にある石灰石の工場を眺める。古い工場で、山の中になんだかわからない建物やパイプや機械が複雑にからみあっていて異様だ。この装置が日原の山を削った「自然」の石灰石を「人工」のセメントに変換する。変換されたセメントは都会に運ばれ、ビルや道路になる。この「変換装置」によって自然物から人工の世界がつく

奥多摩湖のドラム缶橋

られるわけだ。そう思って見ると、「よくつくったものだ」と私は感心するが、息子はあまり関心がない。

そのあとは、奥多摩町では主な観光スポットである奥多摩むかしみちの吊橋、小河内ダム、奥多摩湖上のドラム缶橋を見学。吊橋の高度感、ダムの上からの迫力ある景色、湖にプカプカ浮かぶドラム缶橋の奇妙な揺れ方、これらを息子は楽しんでいた。ニコニコしながら揺れる橋の上を駆け回るなど、やっぱり子どもは屋外で遊ぶのが楽しいようだ。

（2）宿題に書いた奥多摩町の姿

役場でもらった資料などを参考に、息子は次のように宿題をまとめた。

「町の大きさ」:「東京都で一番大きいです。地図で見ると、東京23区全体の半分はありそうです。」

「土地の利用」:「宅地が少なく、山林や森が多いという珍しい町です。航空写真を見ると緑ばかりだということがわかります。」

「地質」:「石灰石が採れます。それを採石して加工する工場があります。奥多摩町で少ない産業です。加工した石灰石は、セメントやチョークなどになります。奥多摩駅の近くに工場があります。」

「人口」:「人口は全体で、７０９６人しかいません。50から80歳が多くて、若い人が少ないです。これは、奥多摩町に働く所が少ないためだと思います。」

「世帯と人口の推移」:「人口は減り続けていますが、世帯数はあまり変わっていません。これは若い人達が働きに出て、おじいさんやおばあさんが家に残ったからだと思います。」

このあと、「小河内ダム、奥多摩湖」のことを書き、最後は、次のようにまとめられた。

「調べてみての感想」:「いい町を調べられたと思います。それは、奥多摩町の自然が豊かで短時間で行けるからです。でも、調べてみたら奥多摩町は人が減っていっているみたいです。やはり町に大切なのは自然が豊かとかではなく、働くところが多いということなのでしょうか？　ですがまた奥多摩に行ってみたいと思います。」

自然環境と人間社会の関係をどうするかについての、根本的な問いかけに思えた。これについて、どちらかでなく、両方のバランスが大事なのだろうなと思いにふけった。

（3）自然と都会について

都会に住む人は、「奥多摩は自然が豊かでいい」と思って出かけ、その日のうちに帰る。しかし、住んでいる人には寂しい現実があるようだ。東京都なのにここまで過疎化が進んでいるとは思わなかった。

奥多摩町の実態を見て、自然豊かな場所は暮らしには厳しい環境にあると知った。そういう状況なので、都会に住んでいて自然を楽しむということは、過疎地の人はぜいたくと思うかもしれない。このように認識し、あらためて東京近くで自然と触れあえることの貴重さを知るとともに、「自然と人間社会とのいい共生関係ができればいいな」と感じた。息子だけでなく私までもいい社会勉強になった。

山の斜面に立つ家（奥集落）

19.「海沢」の自然と訪問者

(1) 雑誌に紹介された海沢探勝路

ある月刊誌の観光案内に、「涼風ハイキング」という見出しで海沢探勝路が紹介されていた。とても爽快な場所のようなので、思わず買ってしまった。それを見て、2005年8月上旬、夏の真っ盛りに訪れた。

海沢は青梅線奥多摩駅近くで多摩川と合流する支流。合流点付近は、上流から比べると少し谷の傾きが緩み、集落も増えている。その分、流れは平らな瀬が増え、自然味が減ってきている。しかし、海沢沿いの林道に入り、養魚場やキャンプ場を過ぎて奥に入っていくと天然林に囲まれ、苔色の大岩が目立つ小渓流となる。

車で何分か走ると、やがて「海沢周辺図」という看板があり、ここが探勝路のある海沢園地だとわかる。雑誌を見たときは観光地のように整備された駐車場があると思ったが、沢沿いの林道が広くなり、数台が駐車できるようになっているだけだ。観光気分で来た人は戸惑う場所かもしれない。

車から降りると、確かに涼しい。青梅街道を走っているときは車の温度計で35度あったが、この辺りでは27度になっていた。8度も下がった。標高差が400メートルくらいなので、下がったのは緑のおかげだろう。

川を眺めると、近くの堰堤で水に入って網で魚捕りをしている人がいる。何をとっているのか聞いてみると、カジカだといって見せてくれた。7センチくらいのが3匹ほどとれていた。これをどうするのかと思ったら、本流でウナギをとる餌にするそうだ。

(2) 探勝路を歩くと

探勝路に入っていくと、苔のたくさんついた大石がゴロゴロ並び、落葉樹、きれいな水、そして花も咲いており、「うん。確かに爽快、オアシスのようだ」と感じる。緑と花に囲まれた小渓流が、比較的近いところで楽しめる。ウバユリがすーっと並んで咲いていて、イワタバコも見られる。

　少し歩くと三ツ釜の滝。なかなか大きく、すぐ近くで楽しめる。水しぶきが涼しい。高い滝だが、横に階段があるので難なく上に行ける。沢沿いを登ると、次にネジレの滝が続く。ここまでは川沿いの道で、ところどころ歩きにくいところがあるが整備されている。

　次に大滝を目指す。大滝へはその川沿いの道から斜面を登る。これは一般的な道ではなく、登山道だ。きつく、足場も悪い。よくここが観光雑誌にのっていたもの

海沢の大滝

だと思う。しかし、ブナも混じるいい雰囲気の天然林。都会近くでは貴重な場所だと思う。
　探勝路に入ってから何人かに会ったが、ハイキング姿で来ている人がほとんどだった。しかし、一組、ちょっと場違いなペアがいた。ヒゲを生やした都会的若者が金髪の若い外国人女性を連れて歩いている。新宿や渋谷界隈を歩いているようないかにも都会的な二人が、ブナのある自然林の下を登っていった。
　私は少し遅れて登っていった。しばらく登山道を登ったあと、坂を下ると大滝が見えてきた。緑の岩間を真っ直ぐに落ちる姿が美しい。近づくと、先に行ったペアが大声をあげてはしゃいでいる。女性が岩の上にのったり泳いだりしている。二人の世界が繰り広げられており、遠慮して近づけない。まあ、これも東京近辺らしい出来事とあきらめる。

（3）春には草花が楽しい

　２００７年の春に再訪した。樹木が芽吹く前の4月上旬だったが、川沿いの石についた苔の緑が鮮やかで美しい。海沢園地に入ると、春の草花が点々と自生してい

る。タチツボスミレ、ナガバノスミレサイシン、ヒナスミレ、アズマイチゲ、ニリンソウ、コチャルメルソウ、ヤマエンゴサク、ハシリドコロ、そしてハナネコノメなどいろんな花が出迎えてくれる。枯れ葉で覆われた林床からちょこんと芽を出して花を咲かせたアズマイチゲやニリンソウ、桃色の花弁が優しいヒナスミレ、水辺の岩を覆う明るい白色のハナネコノメ。どれも苔むした石や朽ちた木の根元などと調和し、絵になる景色だ。線のように細い水流も美しい。夏の涼しさもいいが、色とりどりの春も楽しい。

多摩川流域は、奥多摩駅付近から急に人の気配が多くなる。都会的な訪問者もいる。それでもこの海沢には、幸いたくさんの自然が残っている。初めての訪問者でも、渓流と森の美しさを知ってもらえるところだと思う。このような場所に都会の人々がもっと多く訪れ、自然や生き物を好きになってくれるといいと思う。

可憐なアズマイチゲ

三ツ釜の滝上部

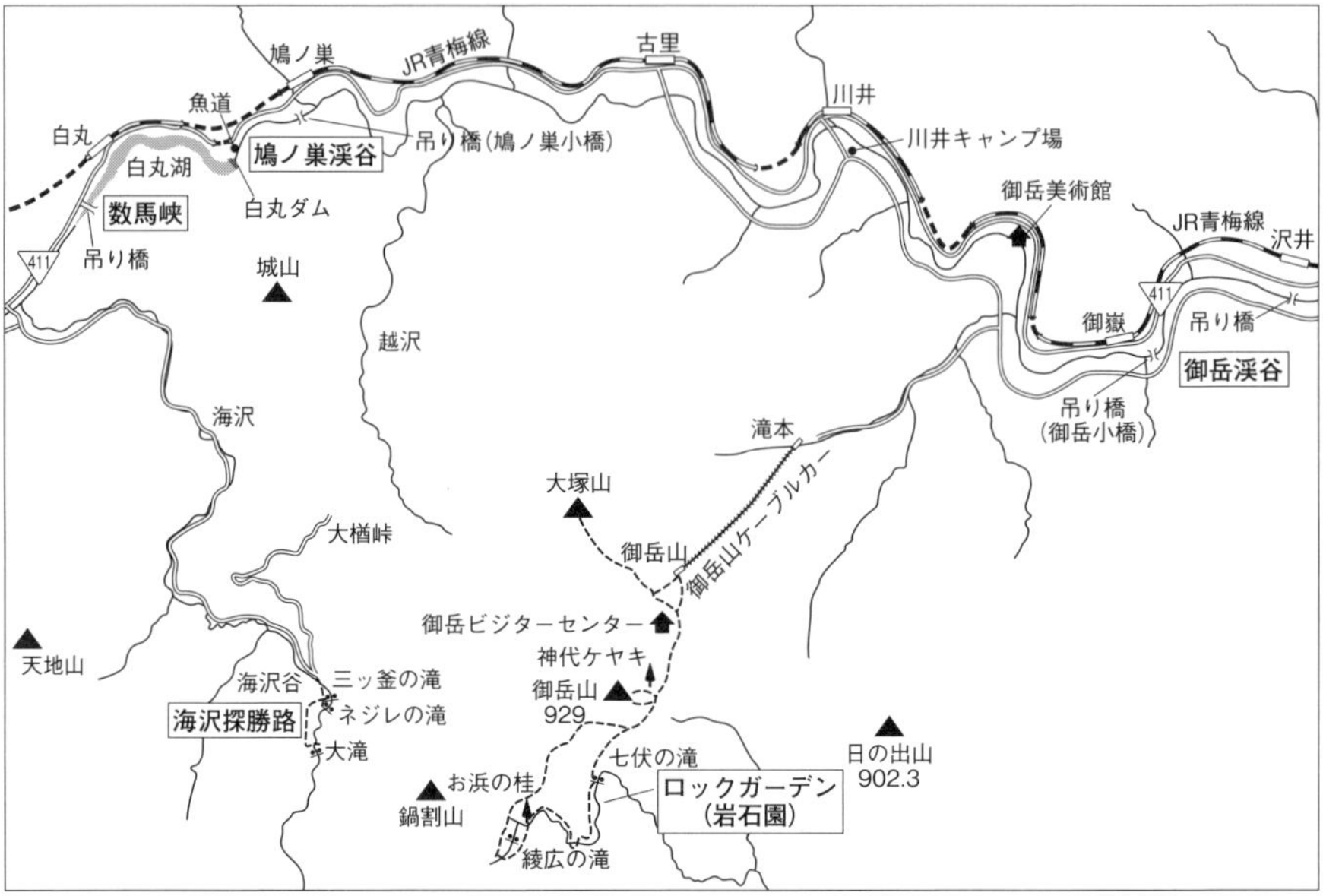

鳩ノ巣〜御岳付近（海沢探勝路、数馬峡、御岳山、ロックガーデンなど）

20. 絶景の「鳩ノ巣渓谷」と「数馬峡」

（1）鳩ノ巣渓谷の絶景を知る

鳩ノ巣渓谷は多摩川一の絶景だという。奥多摩町の観光パンフレットに書いてあった。そうとは知らず、数年前に家族で散策に出かけた。

渓谷におり、吊り橋の近くに来ると、大岩が並ぶ迫力ある渓谷が見下ろせてなかなかいいところだ。そして、その吊り橋から見た上流側の渓谷の風景は、とても素晴らしいと思った。あとで気がついたが、ここはある週刊誌の「多摩川」編の表紙写真の撮影地だ。大岩と緑の自然味があふれ、大渓流でも小渓流でもなく、見晴らしがよい。清々と水が流れ、絵になる構図で、「うん。確かに絶景だ」と思った。

その日は、右岸（上流から下流に向かって右側の岸）を上流に向かって渓谷沿いに白丸ダムまでハイキング。岸壁を背景に、巨岩と深い淵が点在する荒々しい景色を見ながら気持ちよく歩く。白丸ダムの前に来ると、左岸

鳩ノ巣小橋からの眺め（多摩川を代表する眺めの一つ）

に川から階段のような構造物がある。ダム上の湖面辺りまで登っている魚道だ。高いところまで「よくつくったものだ」と思った。落差が27メートルあるという。

（2）白丸ダムと魚道

その後、青梅街道沿いに白丸ダム魚道の案内板があるのに気がつき、2007年に行ってみた。魚道見学の建物があり、誰でも入ることができる。中に入ると「ザー」という水音がする。壁には魚道の仕組みや遡上する魚などの説明用パネルがある。それによると、平成13年度に魚道下流にアユ、ヤマメ、ニジマスを放流して魚の遡上調査をしたという。のぼった魚は、放流した魚だけでなく、天然の魚も11種確認できたとのこと。5月から一ヶ月間調査した結果、放流魚と一般の魚が半々くらいで、累計600匹。一日当りでは20匹くらい。一般の魚では、多い順にウグイ、アユ、トウヨシノボリ、イワナ、ヤマメ、コイ。1匹のみ確認された魚は、ヤマメとイワナの混生種、ヌマチチブ、ナマズ、アマゴ、カジカだったとのこと。

螺旋階段をおりると屋内に魚道がある。コンクリートの壁や仕切りでできた段々を、水がおりていく。魚道のコンクリートにガラス窓が五つほどあり、水中が見えるようになっている。覗いてみるが何もいない。斜めの魚道は、登りきると水が溜まっていて、そこが湖の水面となる。出口から外に出ると魚道の出口もある。

ダムを登るための魚道

この湖の水の色は青緑でとてもきれいだ。光が射すところは、輝くコバルトブルーというのだろうか。湖沿いは急な斜面で木が多い。湖の全景を見渡せるところはあまりないが、部分的に見えるこの水の色は美しく、すがすがしく感じる。

魚道入り口の建物に戻ったとき、入口にいた係の人に、数馬峡がいいところなので行くように勧められた。

それならばと思い、行くことにする。青梅線白丸駅前の青梅街道沿いに数馬峡を渡る橋がある。すぐ近くだ。峡谷といってもダムでできた細い湖だ。その橋の上からの眺めは確かに素晴らしい。背景に見える山も落葉樹が多く、湖面のコバルトブルーと合わせて絵になる。ここも絶景だと思った。

（3）絶景がもったいない古びた観光地

絶景はいいが、鳩ノ巣渓谷の旅館の間を歩くと考えさせられる。急な谷をおりるコンクリートの階段は古い。廃虚となった旅館がそのまま残っている。急な傾斜地に建てた建物は、壊すにも大変な費用がかかるのだろう。この雰囲気から察するに、観光地としてはもう栄えていないようだ。大分昔なら、都心からここまで来るだけで旅行気分だったのだろうが、今や、車でさーっと通り過ぎてしまう。ここにいい渓谷があることはあまり知られていないのだろう。

数馬峡

自然を楽しむ人にとっては混雑していないのはいいことだが、問題は、一度観光地として開発してしまうと、時間が経つとこのように古びた人工物が残ることだ。左岸に建物の間を落ちる高い滝がある。周りが自然ならば美しい滝だろうが、人工物に囲まれているために遠くから一望できる場所もなく、窮屈な状況になっている。

絶景だけに、何かもったいなさを感じたが、思うだけで私にはどうすることもできない。

21. 散策がおもしろい「御岳山」周辺

（1）御岳山付近がおもしろそう

何度か御岳山に行ったが、周辺の見学スポットとしては、御岳神社や日の出山くらいしか知らなかった。ロックガーデンと大塚山の存在を知り、おもしろそうだと思った。ロックガーデンは、観光雑誌に涼しそうな写真がのっていてどんなところか興味を持った。大塚山は、蝶の本に、蝶が集まる場所だと書いてあった。その頃は、蝶に関心を持ちはじめたときで、ロックガーデンの散策がてら大塚山にも行ってみようと、２００５年の夏に出かけた。

お盆の頃で、レンゲショウウマの時期らしく、レンゲショウウマ祭りをしていた。観光ネタとしているようで、付近の旗やポスターなどが目につく。ケーブルカーで登り、さらにリフトで上へ行く。

展望食堂に入ると東側の展望がよく、御岳付近の町並みや多摩川が見える。遠くには多摩地区や神奈川方面のビルも見える。山の北側におりると、緑の葉で覆われた斜面に、レンゲショウウマの花が浮かぶように点々と咲いている。下を向いた薄いピンクのがく片の真ん中に、紅紫色の丸い花がある。しとやか、上品、可憐という言葉が似合うきれいな花だ。

レンゲショウウマ

それにしても人が多い。お盆休みだからだろうが、山の雰囲気ではなく、公園のようだ。

（2）大塚山の蝶と神代ケヤキ

大塚山に向かうため少し下ると、雰囲気は大きく変わった。周りは天然樹で、立派なツガや枯れ木があり、少し山らしくなった。この辺りは春にカタクリが咲くらしい。大塚山へは20分もかからずに到着。西方面の展望はあるが、ほかの方向はよくない。電波塔も近くにある。それでも、人影もなくて静かで、様々な落葉広葉樹の木々があって気持ちがいい。

目当ての蝶は、キアゲハが花にとまっていたほか、全て黒く見えるアゲハと白い部分がある黒いアゲハが飛んでいた。クロアゲハとモンキアゲハかだろう。ほかにもクロヒカゲが目にとまった。やはり、この山頂は、ほかの場所に比べると蝶が多いようだ。

このあと、ロックガーデンに向かおうと来た道を戻り、さらに御岳神社方面へ進む。途中、建物が立ち並び、街のようになっているところがある。その道沿いに神代ケヤキがそびえ立っている。樹齢１０００年、国の天然記念物だという。奥多摩の巨樹はいくつか見たが、これはその中でも最も大きいほうだと思う。幹周が8・2メートルもある。巨樹は神社、仏閣に多いというが、この木もご神木として守られてきたのだろう。確かに、神が宿っているように思える存在感がある。写真を撮ったが、大き過ぎて全形がうまく入らない。

（3）「東京の奥入瀬」というロックガーデン

ロックガーデンには二つのコースがある。すでに3時を回っていたので、短い方の天狗岩コースに行くことに

東京の奥入瀬「ロックガーデン」

する。

　御岳神社の手前、随身門を過ぎたところに分岐があり、下る登山道に入る。しばらくはスギの植林の中で、少しつまらない。しかし、天狗岩の辺りから天然林になり、沢におりると気持ちがいい風景が広がる。沢幅は狭く、スケールは小さいが、周囲が緑に覆われた渓流だ。水岩も倒木も、そして、木の幹肌、枝にも苔が生えて、水以外は緑の世界。幅が1メートルもないような流れだが、とてもさわやかに感じる。案内板に「東京の奥入瀬」と書いてあるが、わからないでもない。また、案内板によると、ここは「岩石園」ともいうらしい。どうして山の付近に沢があるのかと思ったら、秋川支流の御岳沢最上流部になっている。

　飛び石などで水を渡るところが何箇所もあり、ひんやりと冷たさが伝わるようで、いいハイキングコースだと思いながら一緒に来た息子と楽しむ。根や幹の形がおもしろい木も見られる。

　最後は綾広の滝。あまり高くはないが、一筋に落ちるきれいな滝だ。近くに、「お浜の桂」と名がついたカツラの巨樹がある。これも存在感がある。綾広の滝から少し登ると、整備された登山道に出る。ほとんど平らな人の少なくなった道を、御岳神社を通ってケーブルカーの駅に戻る。

　御岳山は、山の上に街がある、山らしくないところだが、少し足を伸ばせば自然を楽しめる。

　御岳山を見直した一日だった。

綾広の滝

22. アウトドアレジャーランドとなった「御岳渓谷」

(1) 初めてヤマメに会った御岳渓谷

初めてヤマメに出会ったのは、御岳渓谷だった。銀色に輝く20センチくらいの魚体が、新しい世界へ誘っているると思うほどの美しさだった。30年くらい前、楓橋という吊り橋の下で釣りをして、まったく予期せずに釣れたものだ。まさに、それがきっかけとなって渓流釣りに夢中になり、その後、何度も御岳渓谷を訪れた。

多摩川本流の青梅から上流は渓流魚が多いところで、よく釣り雑誌に紹介されている。大渓流となったこの付近は、釣竿が届かない大きな淵が点在し、釣るのは難しいが30センチを越える大ヤマメもいるようだ。私は御岳渓谷で釣りあげられなかったが、ものすごい大物をかけたことがある。しかし、その後はカヌーをする人が増え、釣り人には落ち着かない場所になってしまった。カヌーの競技会も開かれる有名な場所になったらしい。カヌーの趣味が悪いわけではなく、私もやりたいと思うが、水面に向き合って静かに魚を釣ろうとしている釣り人にとっては、目の前でバチャバチャやられたらたまらない。せっかく知ったいい渓谷だったが、だんだん足が遠のき、ほかの場所に行くようになった。

(2) 岩の大渓流は昔のまま

10年ほど前から、私は釣りだけでなく、様々な目的で多摩川のいろいろなところに行くようになった。そのうち、この思い出ある渓谷にしばらく行っていないことに気がつき、２００５年11月に行ってみた。

玉堂美術館への道から河原におりる。ここには料理店ができていて、その店専用の大きな駐車場もある。昔は、美術館だけだったが、ずいぶん開発されてしまった。また、付近には三つの美術館と吉川英治記念館があり、「御岳渓谷美術館めぐりコース」と銘打って観光案内されている。

御岳小橋からの絶景

しかし、川の流れはあまり変わらなかった。少し浅くなったようにも思えるが、大きな岩や淵は健在。しかも、水がとてもきれいだ。浅いところは薄い青緑、深いところはピュアグリーンに透き通って見える。特に、吊り橋の御岳小橋から見る下流側は絶景だ。手前に淵があり、透明な水色がさわやかさを感じさせる。大岩が水中から顔を出していて、その間を水が白泡となって落ち込んでいる。

右岸の水流はきりたった岩盤にぶつかって曲がる。以前、この岩盤には歩道が設けられていたが、なくなっていて、一層きれいに見える。大雨で大増水があったときに流されたのだろう。人工物がなくなって景色がよみがえるという例だと思う。

(3) 種々のアウトドアスポーツを見る

河原は、観光に来ている人やバーベキューを楽しんでいる人が多い。その中で、2~3メートルくらいの岩を登っている人がいる。落ちてもいいように、下に大きなマットを敷いている。ほかにも何組か同じことをしている。これは、最近のスポーツでボルダリングというらしい。そのうち、やっぱり、カヌーもやってきた。

川沿いの歩道を上流に向かって歩いてみた。御岳橋の下で釣りをしている人がいる。秋のこの時期、ヤマメ、イワナは禁漁になっているが、ここでは、ハヤやマスは釣ってもよいことになっている。カヌーがまたおりてきて、急流を下っていく。カヌーだけかと思ったら、４人が乗ったゴムボートも流れにのっていく。ラフティングだ。

さらに歩くと、派手なオレンジ色のユニフォームを着て、ヘルメットをかぶった10人ほどのグループが、何か異様なことをしている。流れが急な落ち込みを横切るようにロープを張り、それに伝わって、人が対岸に流されていく。聞いてみたら、水難救助の訓練をしているという。警察関係ではないとのことなので、レスキュー関係の民間団体か。それにしても、御岳渓谷はいろんなことに利用されているとつくづく思う。

上流にも吊り橋があり、その上流には発電所の排水口が見える。小河内ダムから引いたものなので、きれいな水が流れ出ている。ここは右上の本流にマス釣り場があるので、そこからマスが落ちてくる。今日も、それを狙っている釣り人がいる。

帰りがけ、車道を大きなマットを背負った人が歩いていた。河原でボルダリングをしていた人だろう。昔、釣りの帰りにカヌーを担いで歩いている人を見て、異様に感じたことを思い出す。

30年ほど経っても御岳渓谷の川相は変わっていない。それはうれしいことなのだが、人が川の周りですることがずいぶん変わり、まるでレジャーランドのようになってしまった。

人間社会の流行は時代とともに変わるもの。だけど自然はゆるぎなくそこにあると感じた。

23. ウメ見とタカ見の「梅の公園」

(1) 吉野梅郷「梅の公園」のウメ

多摩川本流は、鳩ノ巣や御岳の巨岩渓谷地帯を抜けると次第にゆるやかな流れになる。V型の谷が凹型の谷となり、少し広くなった河原を蛇行して流れる。谷の上は、尾根の端まで平らな土地があり、そこに建物が並ぶ。

この付近には、観梅で有名な吉野梅郷がある。どんなところかと思い、２００６年の3月下旬に訪れた。

吉野街道から山側の路地を入ったところに梅の公園の入り口がある。入るとすぐに花につつまれる。白や薄紅色のほか、黄色い花もあり、色とりどりで鮮やかだ。ウメの木もたくさんの種類があるものだ。

奥の方は丘になっており、ゆるやかに登っていく。メジロも警戒せずに近くの木で蜜を吸っている。高い場所に来ると東西に丘があり、その間の谷を俯瞰できる。白と赤の花が雲のように谷を埋め尽くしている様は、ま

雲海のような梅の公園のウメ

さに「絶景」。しだれウメもあり、風情がある。花見は「桜」が今や当たり前になっているが、この梅林を見ると、花見は「梅」と思うほどで、春めいた気分になる。

東側の丘の方に行くと、敷物を敷いて、花見の宴をしている人も多く、とても賑やかだ。美しいウメに囲まれ、みんなで楽しんでいる。私もここでゆっくりと花見をしたいと思う。また、この東の丘は青梅方面の川沿いの眺めがいい。多摩川の流れは見えないが、川に沿って建物の間を木々の緑が曲線を描いている。この眺めのいい丘に、後日、花見以外の目的で来るとは思ってもいなかった。

東の丘からの眺め（中央の木々の下に川が流れる）

(2) タカの渡り観察

２００６年の秋、日本野鳥の会奥多摩支部主催の横沢入での探鳥会で、5羽のサシバが旋回して飛ぶ姿を見て、「タカの渡り」のことを知った。何かわからないが魅力を感じ、もっとじっくり見てみたいと思っていた。翌年、日本野鳥の会奥多摩支部の会報で、9月22日から10月5日までの毎日、梅の公園と青梅の友田レクリエーション広場、羽村市郷土博物館前で観察会が行われることを知り、一番山側の梅の公園の観察会に参加することにした。このとき、「梅の公園って……ウメ見をしたところで、タカを見るのか～」と意外な展開に驚いた。

遅めの10月初旬に参加。東側の丘の上に到着し、担当の方に挨拶をすると、昨日までの観察結果をまとめた表を見せて親切に状況を教えてくれた。「昨日はとても多かった。三箇所で、サシバが８０９、ハチクマが14、合計８２３羽を観察した」という。そして、「これまで１５００くらい飛んだので、まだ３００はいるだろう。多い年で、１８００くらい飛んだので」と。

私は、「そこまでわかっているのか！」とびっくり。毎年、同じ期間を計測しているので、ここを通る総数が大体わかっており、これまで飛んだ数から残りの数がわかるようだ。

渡りについて、さらにためになる話をしてくれた。「一昨日の天気が悪くて、狭山など近くに鳥が休んでいた。その鳥が一斉に飛んだので、朝早くに多かった。狭山丘陵は街の中で、緑が多く目立つのでタカが休むようだ。伊良湖では300というので、まだ行っていない。熱海辺りにいるのではないか」という。観察点がいくつかあり、そこの渡り数の計測と情報網ができているので、どこにどれだけ残っているかがわかるようだ。素晴しいと感心する。何時頃が多く飛ぶかを聞いてみると、「10時くらいの上昇気流が出る頃。この辺りだと、天覧山付近で休んでいた鳥が来る」とのこと。どこまで行くのかについては、「台湾を経由してフィリピンや中国、中国からシンガポールに行く」という。

最初に見つけたのは、谷の上のトビ2羽。次に遠くの尾根の上にノスリ。タカ以外の鳥では、アオゲラの「ケッ、ケッ」という声が聞こえた。「この辺りの住人

雄大なサシバのタカ柱

タカの渡り（ハチクマ）

飛び立ったクマタカ

（？）」で、ときどきやってくるという。さらに、コジュケイが鳴いたり、エゾビタキが飛んできたりと、珍しい鳥に会える。しかし、タカの渡りは見えない。

しばらくすると、高いところを南西に向かっていく鳥が見える。サシバだ。大きく羽を広げ、飛行機のようにすーっと飛んでいく。小さい点のようだが、「遠くに渡っていくのか」という想像を巡らすと、こみ上げる感動がある。

しばらくして、渡りではないが、オオタカやハヤブサも現れる。また、高いところを飛んでいく鳥が来た。「ハチクマの成鳥のメス」の渡りだという。あんなに遠くで、どうしてわかるのだろうと思い、聞いてみる。「羽ばたきや羽の形、模様、尾の形など」というが、口では言えない経験的な感覚のようだ。

谷側を少し黒っぽく見える蝶が横切っていく。さっきから飛んでいるアゲハではないようだ。何かなと思っていたら、どなたかが、「アサギマダラだ」という。そういえば、アサギマダラも海を渡る。タカよりも、何十分の一と小さい身体で飛んでいく。胸を締め付けられるような驚きだ。

観察会終了間際に、真上を大中小の４羽が飛んでいる。大きいのはノスリ、中くらいの２羽はハヤブサ、小さいのはツミだという。この４羽が旋回しながらからみあって飛んでいる。「最後にいいものを見た」と誰かがいう。私も、「こんな光景が見られるんだ！」と心が躍った。

自分では、空高く飛ぶ小さい鳥の発見も区別もできず、他の人頼りだったが、おかげでワシタカの観察ができた。サシバやハチクマがさっそうと飛行機のように渡る姿、オオタカやノスリ、ハヤブサ、ツミなどの猛禽類がからみあう光景など、動物界の未知の世界を見ることができた。

その後、何回かワシタカを観察した。あるときは梅の公園近くで休んでいたクマタカが飛び立ち、すぐ頭の上を旋回して昇っていたことがある。「森の王者」と呼ばれ、生態系の頂点に立つ、数少ない野鳥がこの付近にもいるということに驚いた。

ある年は、タカ柱といって、10羽、20羽というサシバが上昇気流にのってくるくると回転しながら高いところに昇っていく姿も見ている。自然空間に溶け込んだような雄大な生き物の生き様を感じた。

（3）移動する動物の神秘的な魅力

ウメ見に来た梅の公園で、このような自然観察をするとは想像もしていなかった。ウメは華やかで、春の陽気を感じ、うきうきする。しかし、人間が植えて管理しているものだ。綺麗だが、何か物足りないと感じてしまう。それに比べ、タカの渡りは野生の生物の営み。大げさにいうと、地球規模の自然現象を見ているようにも感じる。

アサギマダラが渡っていくのも感動的だった。移動する生き物を見ると、想像が広がる。「どこで、どう暮らし、どこに行く？」と。

24．異空間体験ができる「武蔵五日市」付近の自然

（1）泳げる秋川

秋川は、多摩川本流に比べるとなだらかなように見える。傾斜が緩く、大岩も少なく、サラサラと流れているところが多い。そのため、荒々しい渓谷美という場所は少ないが、河原での川遊びには最適な川で、キャンプ場や公園が多い。そんな秋川では、意外にも泳ぐことができる。五日市線武蔵五日市駅近くの秋川橋河川公園や小和田堰堤付近に真夏の暑い日に行くと、子どもたちが泳いでいる光景が見られる。岩から飛び降りたり、流れにのったりと、楽しそうだ。

私も家族で川遊びに出かけて、息子たちと一緒に水の中に入ったことがある。プールに比べると冷たい水で、入るには思いきりが必要だが、一旦入ると、さわやかで気持ちいい。特に、潜ると魚が泳いでいる姿が見え、違った世界に入ったような気分になる。ハヤやアユなどが生き生きと泳いでいる。水中で横から見る魚は、銀色の輝きが違う。川底では、カジカの仲間が、岩の上をヒョコヒョコと動き回る姿もかわいい。水中ウォッチングもおもしろいものだ。

（2）化石が出る

川遊びには絶好の秋川だが、特別に珍しい自然は見られないと思っていた。しかし、多摩川に化石が出ることを知って地学の本を見たら、「五日市は、化石の宝庫」と書かれていてびっくり。２００４年、情報を得るために五日市郷土館を訪れた。ここには、五日市付近でとれた化石が何十個と展示されている。館内にいた人に、素人でも化石がとれるか聞いてみた。すると、小和田橋や秋川橋の辺りで、黒い石を割ればとれるという。

早速その足で秋川橋の下へ行ってみた。そこは、なんと、以前泳いだことがある河原だ。なんでもない石が転がっている。「こんなところにあるのかな？　カセキが」

と半信半疑で河原を見ると、確かに黒い石がある。丸っぽい石が多く、割れ目があるものもある。その割れ目にドライバーをあて、ハンマーでたたくと簡単に割れる。しばらくして、貝らしき模様がある石が出てきた。そのほかにも、葉っぱなどいろいろな模様が出てきた。

泳ぎができ化石も採れる秋川橋付近

　素人の私にはわからないので、後日、化石に詳しい人に見てもらった。細長い筋状の模様はメタセコイヤの葉、扇状の模様は二枚貝。ほかにも、ケヤキのような葉っぱやデコボコした模様のシャコ貝の化石と、次から次へと見つかる。素人の我々が、短時間でこれだけの化石を見つけられるとは思ってもいなかった。

　その方の話では、五日市付近は日本でも有名な化石産地で、3億年前~300万年前の化石が出るとのこと。メタセコイヤ、クリ、ブナ、ケヤキなどの木の葉や二枚貝、クモヒトデ、さらには象や鹿も。貝が出たり象が出たりで、この辺りは海になったり陸になったりしたということだ。

鍾乳洞内の路

鍾乳石

(3) 鍾乳洞で探検気分

　秋川支流の養沢川付近は秩父古生層と呼ばれる石灰石地帯で、鍾乳洞が点在している。一般公開しているものは大岳鍾乳洞と三ツ合鍾乳洞。どちらも大きくはなく、それほど有名でもない。しかし、入ってみると、地中の世界を散歩できる。

大岳鍾乳洞は、山の斜面にかがんで入るほどの小さな入口がある。飾りもなく鉄格子の扉だけで、「ここが本当に入口?」と思うくらいだ。中は、頭をぶつけるようなところがあったり、迷路のように分かれたり、登りおりがあったりで、「出られるのかな?」と不安になる。しかし、洞窟探検のようでおもしろい。ヘルメットも貸してくれる。普段意識しない、地中の世界の存在を体感し、不思議な気持ちになる。

ここにも化石があるらしい。案内によると、周囲の石灰岩にはウミユリ、フズリナ、貝殻などの化石があり、化石だけでなく、トウキョウホラヒメクモ、アナズミホラヤスデなどの虫も生息しているとのことである。

五日市付近では、水中や地中、大昔の化石など、異空間の自然に接することができる。私は普段見ている視点だけでなく、自然は様々な面があるということを体感した。我々は、自然のわずかな部分しか知らないのだと思う。

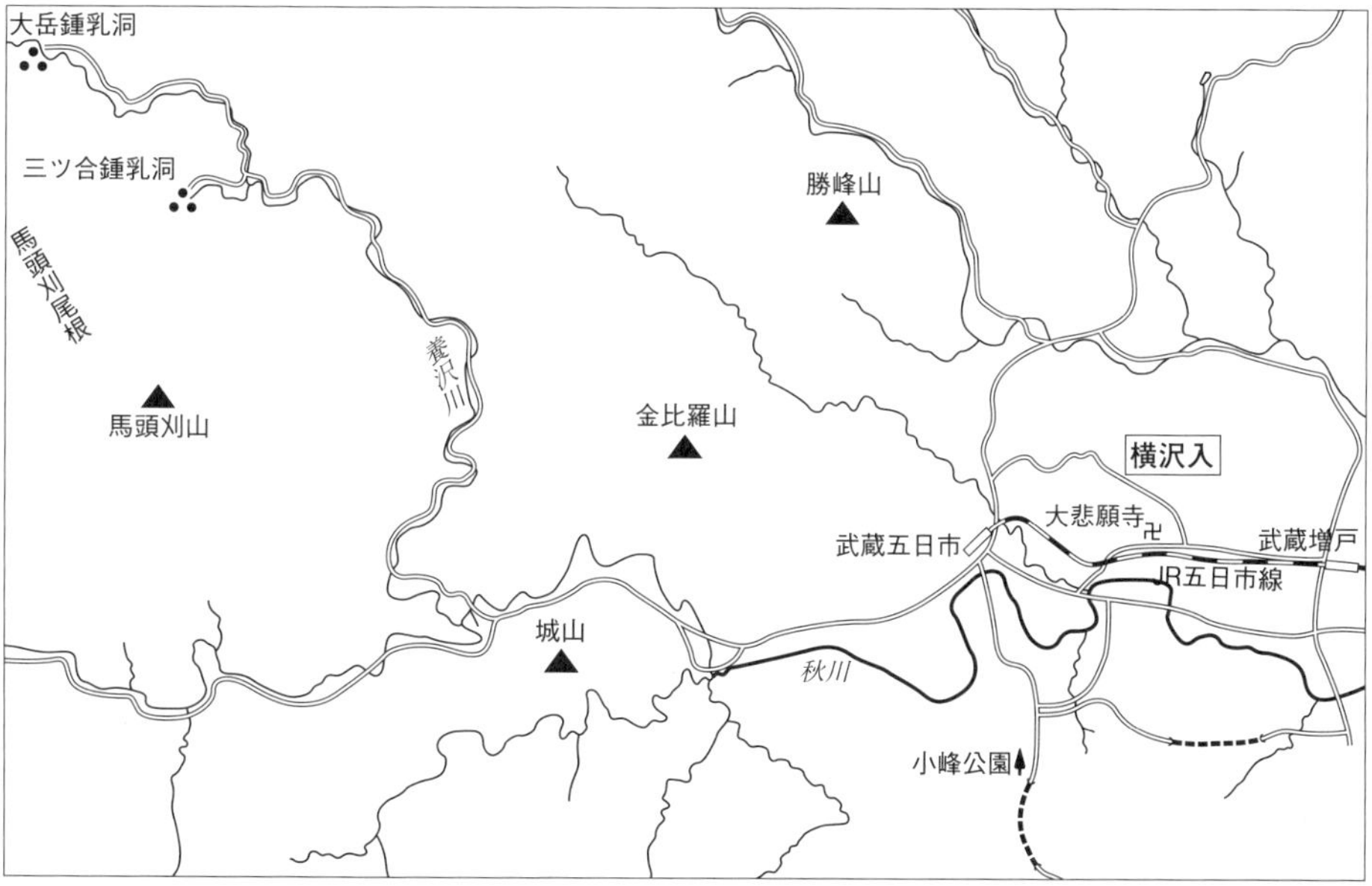

武蔵五日市付近（秋川、横沢入、鍾乳洞など）

25. 豊かな自然が残る「横沢入」

(1) クモ観察で訪れて

２００４年10月下旬、息子が入っている科学クラブのクモの観察会に参加して、初めて横沢入に行った。

当時、私はクモには全く関心がなかったが、横沢入には前から行きたいと思っていた。横沢入は、ガイドブックにはほとんど紹介されていないが、豊かな自然が残っている場所と聞いていたからだ。

五日市線武蔵増戸駅に集合し、講師であるクモの専門家に同行して横沢入に向かう。道端の空地、住宅の植木や石垣など、今まで視野に入らなかったようなところを探して虫を見つけ出すのに驚いた。また、捕まえたクモをルーペで見せてもらうと、意外にもきれいと感じる。ぷっくりした身体はカラフルで、愛嬌のある姿だ。線路沿いの道から山側の細い道に入り、少し歩くと家がなくなり、横沢入の入り口にくる。すると、「わ～っ」と叫びたくなるほど気持ちのいい風景が広がる。自生の草木に覆われた丘と草地、さらさら流れる小川。その中を一本の砂利道が通る。なんでもない風景だが、のどかで気が休まる。

驚いたのはクモの種類の多さ。いろんなところで様々なクモを発見する。ジョロウグモのように大きな網を張るものだけでなく、バッタを捕るために低い位置に小さな網を張るクモ、アンテナのように糸を木の表面に張り、虫が通過したら捕まえるというクモ、網を張らないで歩き回るクモ。講師の話では、クモは日本全国で１３００種以上いるが、そのうち１３０種がここで発見されたとのこと。ここは、結構貴重な場所らしい。クモ以外にも、水たまりでアカハライモリを見つけた。道端にはウラナミシジミがとまっていた。

ここにクモがたくさんいるのは、餌となる虫が多いためだ。特にバッタ類が多い。バッタがクモの巣にかかる瞬間を目の前で見ることができた。あがくバッタにクモがすぐに寄ってきて糸でぐるぐる巻きにし、動けないようにすると、あとでゆっくり食べるつもりか、元いた場所に戻り、じっとしている。黄色と黒の縞模様がきれいなナガコガネグモだ。

バッタが多いと、それを食べるカマキリも多い。1メートルくらいの範囲にオオカマキリが3匹もいた。野鳥も多く、わずかな時間にモズやアオジ、ジョウビタキなどに会えた。どれもクモやカマキリと同じ昆虫を食べる鳥だ。虫が多いと野鳥も集まる。

途中の案内板にはここに棲む動物が書いてあった。それによると、哺乳類ではキツネ、ムササビ、ノウサギ、鳥類では、オオタカ、フクロウ、カワセミ、昆虫類ではゲンジボタル、オオムラサキ、両性類ではサンショウウオ、シュレールゲルアオガエルなどが生息しているとのこと。

講師との雑談によれば、ここに大規模団地を開発する計画があったらしい。それを自然保護団体などが反対運動をして中止させたという。このような自然が残ったのも、団地開発をとめた自然を愛する人々の力である。自然保護活動のいい成果を見た思いがする。

帰宅してから息子の感想を聞いてみたら「変わった植物があったのがおもしろかった」と意外な答えが返ってきた。クモ中心の観察会だったので植物の説明はなく、気にもしていなかったが、いろいろな草や木も競うように生えていたようだった。昆虫の種類が多いのは、植物も豊かだったからに違いない。

（2）探鳥会に参加して

２００６年10月初旬に、日本野鳥の会奥多摩支部の探鳥会でこの付近を再訪した。横沢入へは五日市線武蔵増戸駅から北の丘に登ってから向かっていった。途中、丘の木にとまっているアカゲラを発見。空高く飛んでいく

かわいいヒメキマダラセセリ

ナガコガネグモ

自然のままの草原が広がる横沢入（2004年）

ワシタカ類もいる。ハチクマの渡りだという。このとき初めてワシタカ類の渡りのことを知った。ちょうどこの頃にサシバやハチクマが渡るらしい。、3、4羽のカケスが飛ぶのをみかけた。カケスも秋には移動するらしい。横沢入に近づいてくると、人家近くの高い木に小さな鳥がいる。何人かの人が見て、「エゾビタキ」だという。普段は見られない鳥だ。こちらも渡りの途中だ。横沢入の真ん中を歩いていると、東側でオオタカが飛んだ。さらに遠くで4、5羽がくるくる回り、だんだん高度を上げていくのが見える。そのあと、西に向かって飛んでいった。これは、サシバの「タカ柱」といって、何羽かがまとまって上昇気流で高いところまで上がっていく姿だ。上空高く上ったら、滑降するように飛んでいく。初めて見る勇壮な光景だ。

この探鳥会では、ほかにヤマガラ、エナガ、メジロ、シジュウカラなども現れた。野鳥ともいろんな出会いがあり、改めて横沢入の自然の豊かさを感じた。

（3）人間の手が入り「里山」に

クモや野鳥の観察会で、自分でも驚くような初めての

里山になった横沢入（2011年）

出会いをした横沢入だが、２００７年9月に行ったときは少し様子が変わっていた。全体的にきれいに整備されてしまった。入口の草地に建物ができ、そこに休憩所、倉庫やトイレがあり、小さなシャベルカーなどもある。「そうか、『里山』として維持するための道具と施設ができたのだな」と思う。看板には、「東京都は、横沢入を里山保全地域に指定」と書かれている。東京都が管理し、里山として保全するらしい。

道の右側は沢に沿って水田で、稲が整然と並んで奥の方まで続いている。この水田辺りは、以前、いろんな草が絡み合うようにあり、昆虫の種類が多かったのに、たくさんいたバッタ類をほとんど見かけない。稲があるとはいえ、こん

遊び終えた家族（左に「かかし」が見える）

なに整理されてしまうと、ワイルドが好きな私には少し寂しい思いがする。東京近郊では里山が少なくなり、貴重なものとしてその保存が望まれている。そうはいっても、せっかくのワイルドさが残る自然を人の手が入った里山にするのはやめて欲しいと思ってしまった。

(4) 里山のその後

２０１０年10月中旬、クモの観察会でまた横沢入を訪れた。里山となり、生き物が減ったのではないかと危惧していた。しかし、講師の方は次から次へとクモを発見してくれた。以前との種類の違いはわからないが、里山になっても種類の多さは変わらないようだ。

里山は里山なりの多様な生態系がある。どちらがいいという問題でもない。里山でも多様な樹種の雑木林、田んぼの水、周囲の様々な草などがあれば、変化ある地形で生き物も豊富になる。少なくとも、都市や市街地、都市公園に比べると、豊かな自然がある。

２０１１年に訪れたときには、家族連れが田んぼ周辺で網を持って遊んでいた。その親子がこの林と田んぼに囲まれた砂利道を歩いて帰る後ろ姿を見たとき、田園風景に人が溶け込んでいるようで、何かぐっとくる思いがした。かつては当たり前の光景だったのだろうが。

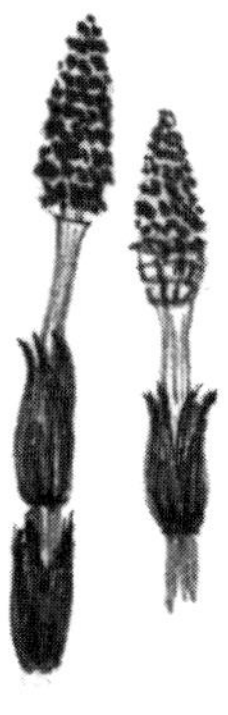

26. 森の妖精を求めて「陣馬山」でバタフライウォッチング

(1) 陣馬山に行ってみた

多摩川南側の分水嶺は、大菩薩から三頭山、三頭山から笹尾根を経て陣馬山へと続く。陣馬山の西側からは北浅川が流れ出している。陣馬山は標高857メートル、昔から東京近郊の身近なハイキングコースとして知られている。

2005年5月、どこか短時間で登れる山を訪ねようと陣馬山を選んだ。和田峠から植林が多い林の中を登るが、頂上付近に出ると草原状になっていて周辺には落葉広葉樹の林がある。展望がよく、東京の平野部、奥多摩の山々、そして富士山など、ほぼ360度見渡せる。それなのに混んでいない。近くてのんびりでき、景色がよく、「いいところだな。またこよう」と思いながら帰路につく。このときは、その後、蝶を求めて何度も来ることになるとは思ってもいなかった。

私が蝶に関心を持ちはじめたきっかけは単純で、色と形が野鳥に匹敵する美しい生き物と感じたからである。野鳥のように「見ようとして追いかけると、実はとてもおもしろいのではないか」と予感した。

陣馬山には蝶が多いらしいので、蝶を目当てに2006年9月に再訪した。頂上の肩の草原に到着すると、キアゲハやヒカゲチョウの仲間、ヒメアカタテハが飛んでいる。色鮮やかなヒョウモンチョウの一種も現れた。ウラギンヒョウモンのようだ。蝶が多いことを実感し、またこようと思った。

(2) ゼフィルスを求めて

その後、蝶のなかでも「森の妖精」や「森の宝石」、「森の蝶」と呼ばれるゼフィルス（25種のミドリシジミ族）、中でも、何種類かの緑色のゼフィルスに会いたいと思うようになった。その緑色系のオオミドリシジミやハヤシミドリシジミなどが陣馬山に現れると聞いて、

山頂からの眺め（丹沢山系の向こうには富士山が）

シーズン終り頃の２００７年7月下旬に訪れた。しかし、残念ながら天気が悪く、ほかの蝶も含めあまり見られなかった。ゼフィルスはどこにいるのか、見当もつかなかったが、来シーズンにまたこようと心に決めた。

そして、翌２００８年、ゼフィルスのシーズンになった6月初旬、早速出発。頂上の肩ではきれいなクモガタヒョウモンのお出迎え。

頂上横のイロハモミジには黒いアゲハ、アカタテハ、ヒカゲチョウの仲間、また、近くのヤマツツジでは青く輝くアゲハが飛びながら蜜を吸っている。撮った写真をあとで見ると、なんともいえない美しい色あいのミヤマカラスアゲハだった。

この日はいろんな蝶に出会えた。しかし、またしてもゼフィルスの手がかりはつかめなかった。

どうしてもゼフィルスに会いたくて、6月下旬、休日の夕方に再び訪れた。この日は比較的人が多かった。その中に双眼鏡で何かを探している人がいたので話しかけると、蝶だという。これはと思い、「ミドリシジミは出ますか?」と質問する。すると「午前中はオオミドリがたくさんこの辺を飛んでいた。ハヤシミドリはこれからの時間。でも出てくれるかどうか。ここは、平地より10日遅い」という。「どういうところに出るんですか？」と聞くと、「それはわからないけど、ハヤシミドリはカシワ、オオミドリはコナラが食草なので、その付近に出る。木の上に多い。ここは、木を上から見下ろせるのがいい」とのこと。その後、それぞれに移動しながら探した。しばらくして頂上に戻ってきたとき、「オレンジ系のゼフィルスが飛んでいる」と教えてくれた。近くのカシワの上に、小さなオレンジ色の蝶が2、3匹ヒラヒラしている。「黒が見えるからウラナミアカシジミではないか」という。緑色系ではないが、ここでやっとゼフィルスに会えた。その人が「午前中に来るとこんなのが撮れる」と見せてくれたデジカメの画面には、青緑の翅を開いたオオミドリシジミが写っていた。その辺の草にとまったという。「やはり、いる」と確信。来週ではどうかと聞くと、「盛期は1週間なので、なんともいえない」とのことだった。が、絶対来週またこようと思いつつ家路を急ぐ。

クモガタヒョウモン

ミヤマカラスアゲハ

　翌週、7月であったが午前中に訪れた。10時前、頂上に到着。最初はいないように思えたが、突然モミジの葉から飛び立ち、蝶を追っ払う小さな青い蝶が見えた。よく見ると、モミジの葉っぱの上に輝く蝶がとまっている。銀色に近い薄青緑がきらめく。オオミドリシジミだ。やっと緑色のゼ

やっと会えたオオミドリシジミ

フィルスに会えた。その後、手前の草に下りてきて、しばらくじっとしている。かわいい形、青緑に光る翅。マニアが憧れるに価する美しい蝶だ。

翌年、その翌年も、同じ頃、同じ時間帯に行ってみると同じ樹の付近で会えた。不思議なことに、この付近でしか見かけない。「森の妖精」には、限られた場所、時期、時間帯にしか会えないのだ。

(3) 森の蝶と出会って

蝶はとても美しい。遠目に見るとあまりよくわからないが、近くや双眼鏡などのアップで見ると、その色あいや輝きがほかの生き物にはないものだと思う。しかし、なかなか会えない。特に、ゼフィルスには、最初の頃はふられっぱなしだった。どうすれば会えるか見当もつかなかったが、陣馬山に通っているうちに少し見えてきた。

会うためには、その蝶の棲む場所、食樹、時期、時間帯に合わせることがポイントと実感した。場所は、それぞれの種の幼虫が葉を食べる樹木のある深い森の中の特定のポイント、時期は6月~7月といわれているが、場

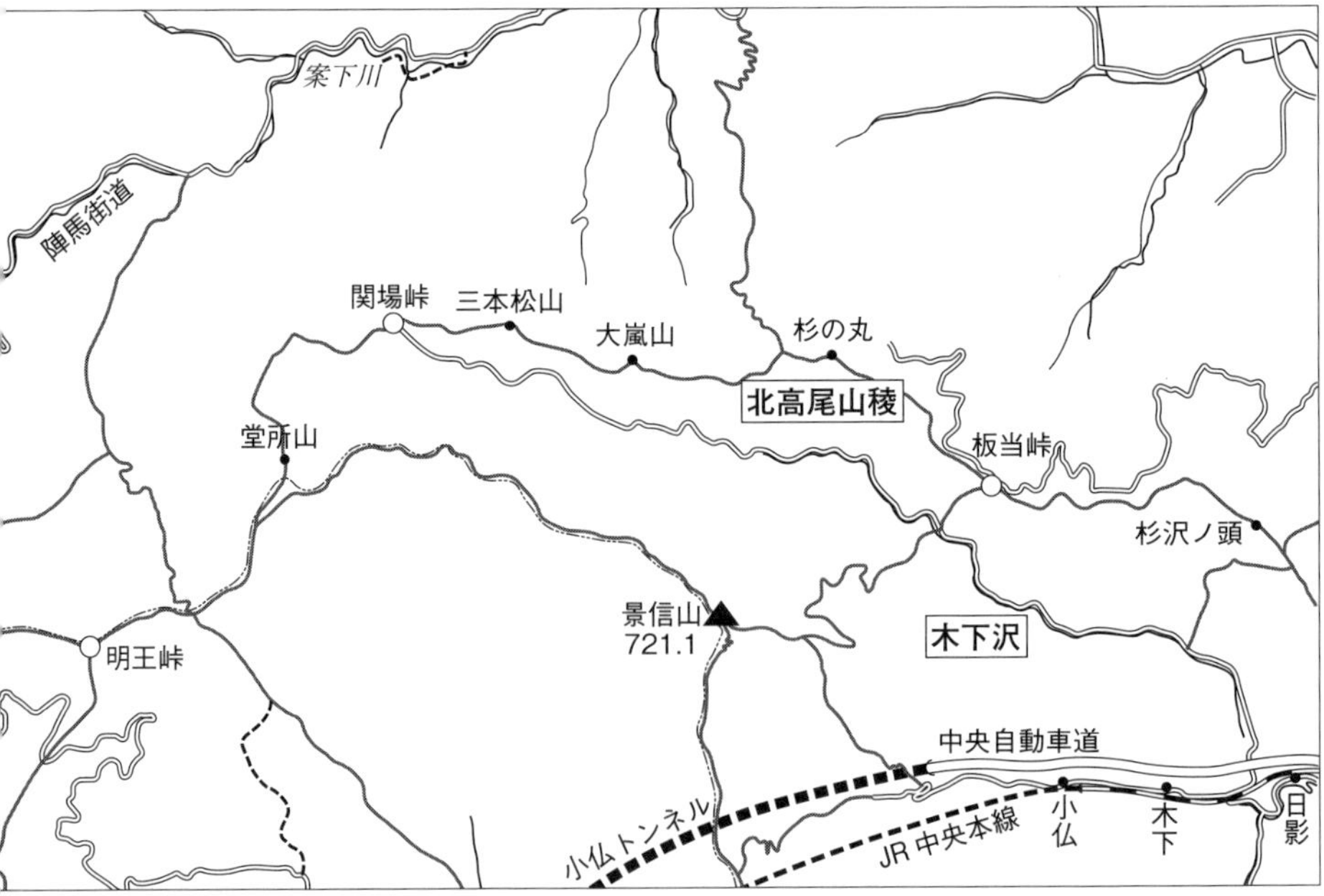

陣馬山・景信山付近（北高尾山陵・木下沢など）

所や標高によって違い、盛期は1週間くらいであること。最初に行った7月下旬では遅すぎ、2回目の6月上旬では早かったようだ。活動する時間帯もオオミドリは午前中、ハヤシミドリは夕方などのように分けあっている。森の妖精と出会える場面はほんの一時だ。

しかし、なかなか会えない一番の理由は、絶対数が少なくなっているためではないかと思う。「森の蝶」といわれるように、豊かな落葉広葉樹林がこの蝶の生きる場所。それが減った今は限られた場所でしか見られない。落葉広葉樹は、天然でなくても、雑木林のように人が植えたものでもいい。この陣馬山も、昔、頂上のお茶屋でお湯を沸かす薪やカシワ餅の葉をとるために、コナラやカシワを植えたのだろう。その雑木がゼフィルスを育んでいるようだ。近頃はそのような場所も減っているのだろう。蝶の専門誌などにこの蝶が出ると紹介されている場所でも、今はもういなくなっているところもあるようだ。そして、この妖精が少なくなっていることを危惧している人もわずかな蝶マニアだけのように思われる。私は、宝石のような美しい蝶の存在とその現実を知った結果、豊かな森が減っていることに改めて心を痛めた。

27.「北浅川」の美渓谷とメタセコイヤ化石林

(1) 浅川渓谷

多摩川のガイドブックに「浅川渓谷」が紹介されていた。私の浅川のイメージは、岩の少ない平らな川。「渓谷」とあるのは意外だったので、どんなところか2006年10月に行ってみた。

地図を見ると、その渓谷は八王子の住宅地がきれる辺りにある。陣馬街道の神戸というバス停付近から川へ向かう。土手に登って河原を見ると、咲きほこる花に蝶が飛び交い、野鳥の声もする。土手を境に、街から自然の風景に変わる。川岸に出ると流れを見下ろせる。透き通った水だ。深場には60センチ位のコイが数匹見える。しかし、渓流という雰囲気ではない。上流に向かって断崖の上の踏み跡を歩いていくと川幅が狭くなり、崖上からの水流の眺めはなくなる。両岸が絶壁のようだ。おりるところはしばらくなかったが、林の中にわずかな踏み跡をやっと見つけた。崖を下ると渓流の風景が目に飛び

街の中を流れる浅川渓谷

込む。少し青っぽい岩の地層が斜めになって突き出ていて、その岩の間を透き通った水が落ちるように流れている。青色の背を見せてカワセミが飛んでいく。とてもさわやかな空間だ。

水際は歩けないので、崖上に戻って上流に行くと急に河原が開け、幅広の堰堤がある。河原におりると、この辺りも岩が多い。ここで枯れた黒っぽい木が岩盤の中にあるのを発見。化石ではないかと思う。

その後、対岸から見ようと移動した。住宅街から河原に出るとちょうど渓流部だ。岩の上からは、浅川の上流から下流にかけて俯瞰でき、絶景だ。少し下り、川に近づこうと草の方に行くと、近くにいたおじさんが、「こっちから行ける」と教えてくれた。低い草を越えて水際の岩の上に出る。いい眺めの中、目の前に黒灰色の枯れ木の下部が根を張ったまま水中に立っている。根周りの直径が1メートルくらいある。普通の木ではないようだ。そのとき、道を教えてくれたおじさんが「その木は、大昔の木だ。市報にも紹介された」という。薄青い岩の層に根があり、その層の上に違う地層が重なっている。こんな層に残る木は、確かに古代樹のようだ。さきほどの黒っぽい木も同じだろう。なんだろうと気にかかる。

(2)街の中のメタセコイヤ化石群

多摩川のガイドブックに、浅川にメタセコイヤの化石があると掲載されていたので、2008年3月に行ってみた。その場所は、なんと八王子市役所の近くだ。河原におりると、3～400メートルくらい下流に庁舎が見える。川を上っていくとすぐに左側から城山川が合流する。その付近で地面に向かってハンマーを振っている子どもたちに近づいてみると、川床に黒灰色のまだらな木の跡がある。炭のように木材質だ。これがメタセコイヤの化石のようになうだ。子どもたちも同じような木の跡から何かをとっているようなので聞いてみた。

「化石とっているの?」

浅川渓谷の古代樹

「メタセコイヤのコハクを採っているの」

「コハクって、なあに？」

「昔のメタセコイヤの樹液だよ」

「ヘェー、見せてくれる？」

　コーヒー用の茶色やクリーム色の砂糖のような固まりが、貝殻の中に十何個と入っている。

「たくさんあるね。この辺でとれるの？」

「前は上の方でもとれたけど、みんながとるから、なくなった。今度ここで出てきたの」。

　子どもたちはうれしそうに話してくれた。

　上流の岸は、固まった土がうねうねしたようなデコボコの地層が出ている。この光景が中央高速道の近くまで続いている。土の高いところでメタセコイヤの化石をいくつかみつけた。

　家族連れも採掘をはじめたので、聞いてみた。

「何をとっているのですか？」

「メタセコイヤのコハクですが。前に八王子のローカルのテレビ番組で、この辺が紹介されたんです。ゾウの化石が出るっていうので大勢の人が来て、相当この辺を掘ったのでデコボコになりました」

コハク

メタセコイヤ化石の河原

　話好きそうなおかあさんがいろいろと教えてくれた。八王子のど真ん中で、それもふつうの人たちによってこんなに大自然的なことが行なわれているとは思いもしなかった。

（3）古代林の化石のこと

　浅川渓谷の古樹とメタセコイヤの化石について調べてみた。

「浅川渓谷については、高尾山、陣馬山を構成する小仏層群と、多摩丘陵をつくる上総層群の二つの地層がバラバラに重なっているところ。ここに直径1メートル以上のメタセコイヤの立木の化石が見られる」と書かれており、これが、あの枯れ木だ。

市役所近くのメタセコイヤ化石林の発見は、１９６８年、当時高校の先生だった吉山寛氏によるものだ。吉山氏は、日頃から八王子の地学現象に関心を持っていて、大工事のある場所に足を運んでいた。中央高速道路の北浅川の工事現場に立ち寄ったときに、見なれない青灰色の川床が露出しており、そこに円形の黒い物が顔を出していたという。それを分析した結果、メタセコイヤと特定された。また、この付近では、２００２年にステゴドンというゾウ目（長鼻類）の化石哺乳類（『広辞苑』より）の化石も見つかった。どちらも、１７０万～２００万年前のものといわれる。

さらに、「５１０万～70万年前、それまで海であった場所が隆起して陸地が広がり、関東山地となった。高尾山付近のそれが小仏層群だ。７０００万年以上もの前のものだ。その後、陸地がけずられ、砂や礫が関東山地の東側に大量に積もり、やがて海が退くとこの海底が陸上に顔を出し、多摩丘陵や狭山丘陵などとなった。それが上総層群だ。この陸地にはメタセコイヤ、セコイヤなどが茂り、ステゴドンゾウが棲んでいたという。近くに湾のように残った海には、サメやクジラが泳いでいた」とある。これが、当時の浅川付近の様子だ。その後、70万～3万年前は氷期と間氷期を繰り返した時代で、海面が上がったり下がったりしたという。平地を好むメタセコイヤは、海になるときに逃げ場を失い、滅びたらしい。その後、富士山や箱根の噴火の灰が重なって、今の多摩の何層にも重なった地層がある。

このメタセコイヤの化石は、そんな長い時間の地球の自然現象を経て今の地面があるということを教えてくれる。これからも変化していくだろうが、もしかしたら、木を伐り、化石原料を燃やす人間の行動が原因で大気が変わり、地球が大きく変化するかもしれない。

28. 静かな小渓流「木下沢」での出会い

(1) 蝶で知った木下沢

蝶に関心を持ったことにより木下沢を知った。蝶がたくさんいるらしく、蝶の本に名前が出ていた。南浅川の支流の小仏川のさらに支流で、影信山付近から流れてくる。「こげさわ」と読み、「小下沢」とも書かれる。

蝶を見ながら影信山へハイキングをしようと、2006年5月下旬の晴れた日に訪れた。林道の入口、梅林の付近で見慣れない蝶がヒラヒラと飛ぶ。少し褐色がかったモンシロチョウを大きくしたような蝶、ウスバシロチョウだ。捕虫網を持ってその蝶を追いかけている人がいた。ウスバシロチョウの母蝶を捜しているという。研究にでも使うような様子で、私のような初心者とはレベルが違う。とはいえ、私も自分なりに楽しもうと、慣れない手つきで捕虫網を振り回す。すると、偶然のように入ってくれた。手にとって見ると、シルクのように輝いた白い翅がとてもきれいだ。観察したあとは逃がしてあげた。

林道を上っていくと、左側に渓流が近づいてくる。水がとてもきれいで岩が多く、いい渓相だ。林道にはコミスジ、サカハチチョウ、アゲハチョウの仲間がよく出てくる。

道端に駐車スペースがある場所で、大きな捕虫網を持って蝶を待っている人がいる。ビデオカメラも置いている。聞くと、その人はアゲハをメインに待っているとのことで、今日見たアゲハの種類を話してくれた。なぜその場所がいいのかを聞いてみたら、「アゲハは、む

シルクのようなウスバシロチョウ

こうからやってくる。ここは食草があるから」という。「なるほど」と納得。様子を見ていると、次々にやってくる蝶をカメラやビデオで追い回し、忙しそうだ。

奥に上ると広い場所に着く。以前はキャンプ場だった広場で、広々としていて気持ちがいい。蝶もあちこちに飛んでいて、ウスバシロチョウが何匹もいる。そのフワフワした飛び方は陽気な雰囲気で、こちらも楽しくなる。ハルジオンの花にとまったりして、雄が雌を追いかけている求愛行動も見かけた。

沢では数匹のサカハチチョウが吸水していた。そのうちの一匹が私の手の甲にとまる。ちょうどおりてきた女性の登山者が、「わーっ、きれいですね。とまっても全然逃げないのね。あら、何か吸おうとしている」と話がはずむ。蝶と仲良しになったような気分だ。蝶ばかりでなく、草の中からキジも飛び出してきた。

この広場周辺は様々な生き物が棲んでいるようだ。

この日は影信山を往復して戻ってきた。頂上は展望がよく、スミナガシが飛んでいた。途中、登山道周辺はスギ、ヒノキの植林が多いが、新たに落葉広葉樹の植林を予定している場所があったことがうれしかった。

(2) ハナネコノメとの出会い

翌年の3月中旬、早春の蝶と野鳥を見ようと木下沢にやってきた。花開く梅林の前を過ぎ、林道に入っていく。スミレが道脇に点々と色を添え、それを写真に収めているハイカーもいる。「春が来た」という雰囲気だ。

途中、自転車に写真機材をのせたおじさんがやってきた。その人に、「草花ですか?」と聞いてみた。すると「ハナネコノメを見に来た」という。花に詳しくない私は、なんだかわからないのでさらに聞くと、渓流のそばに咲く小さい白い花でとてもきれいだという。それを座間から自転車でわざわざ撮りに来たらしい。野鳥も豊富だとの

木下沢とハナネコノメ

モミジが彩る渓流

話を聞いたあと、その人は、先に行った。

私は、蝶やきれいな花を探したりしながらゆっくりとあとを追う。道端には、タチツボスミレ、ヤマルリソウが咲き、沢からはミソサザイのさえずりが聞こえる。

キャンプ場跡の広場に着くと、沢で写真を撮っている人がいる。ニリンソウがたくさん咲き、エイザンスミレもいくつかきれいに咲いている。水際の岩には小さい白い花がたくさん咲いている。これがハナネコノメだ。さわやかな沢の流れを背景に、「清楚で可憐」という言葉がぴったりの花だった。とてもすがすがしい気持ちになる。

おじさんのおかげできれいな花の咲く素敵な風景に出会えた。

（3）モミジの道

その後、12月中旬に木下沢の奥まで歩いてみた。冬枯れした谷はひっそりと静まり返っている。沢の水は少なく、わずかな水音で流れる。そのほかは、ときどき聞こえる野鳥の声だけ。シジュウカラ、アオジ、エナガ、コゲラがささやくように啼いていた。

目を引いたのは、地面を染める美しい紅葉。赤いイロハモミジの落ち葉が林道を埋め尽くし、地面を鮮やかに彩る。また、渓流の水際もモミジが溜まり、渓を飾っている。紅葉は、落ちてからも風情のある景色をつくりだすものだ。

細くなった沢の横のゆるい坂を登る。周りは天然の樹木が囲んでいる。ところどころに冬陽が射し込むほのぼのとした雰囲気の道だ。

その後何度か訪れ、青い鳥のオオルリやニホンザルの群れにも出会った。人工物がほとんどなく、動植物の豊かな木下沢付近。東京とは思えない、静かで美しい小渓流の風景が来訪者を癒してくれる。

美しい青い鳥「オオルリ」

29. 東京近郊で生きる「野生のニホンザル」

(1) 八王子郊外のニホンザル

こんな近くにサルの群れが棲んでいるなんて、思ってもいなかった。八王子市、高尾山麓でのことだ。

2010年1月の朝日新聞に、高尾山周辺のサルの記事が掲載された。「ユズ狙うサル……」という見出し。中央道沿いの柵の上にサルが座っていて、民家の敷地内のユズの実を狙っているようだとの写真付き記事が出ていた。

この記事が気になり、次の休日に裏高尾に行った。中央高速とユズの木が見える場所を探した。やっと見つけたところでは、狙っているというユズの実は食べられずちゃんと残っていた。その付近に住んでいる人に聞いてみると「ときどき見かける」といって、よく見かける場所を教えてくれた。この話を聞いて、この付近に群れがいると確信した。

(2) 木下沢で群れに会う

その年の春、蝶や野鳥に会おうと木下沢に向かった。お昼頃に木下沢の林道に入る。ミソサザイが沢の方で鳴いている。その姿を探していると、一瞬「クー」という小さい声がした。サルだろうと思い、斜面を見上げた。すると、遠くの木の上に灰色の塊が見えた。「いた！」。カメラを向けようとしたら気がついたようで、さっと下って行ってしまった。さすがに遠くでも人の動きをよく見ている。しかし、よく見ると、左側の木の真ん中、幹の近くにまだ2頭くらいいる。幹の樹皮がなくなり、白くなっている部分がある。サルが樹皮を引き剥がして食べているのだ。「おいしいのだろうか？　消化できるのだろうか？」と思うが、サルにとっては重要な食料なのだろう。ヤマグワの木のようだ。それを見ていたら、手前の草原におりてきたサルが草を食べている。タンポポのようだ。

今度は上を見ると、高い二種の木の上に3頭見える。1頭は常緑広葉樹の葉を食べている。あとの2頭はまだ葉が見えないので、新芽を食べているのか？　さらに、上流側の道沿いの柵の上に何頭か出てきて、林道の上の木に登ったり、地面におりて歩いたりしている。人が林道を歩いてくると、一応隠れるが、逃げていくほど警戒した様子ではない。人間と適当な距離を置くことに慣れているようだ。

　しばらくするとサルは上流側に移動し、また違った木に登って食べている。ヤマザクラの花か葉を、別の高い木はウワミズザクラのようで、花を食べている。結局、16時過ぎた頃に、急に食べるのをやめて消えていった。本当にいろんな部分を食べていた。樹皮、枝先、葉、新芽、花、草となんでも食べる。それも特別な植物ではない。クワやタンポポなど、どこにでも生えているようなものを食べる。人間と同じく、多様なものを食べるから生存力があるのだろう。

木の上で食事するニホンザル

　林道で見ているときに、何人かが「何ですか」と聞いてきた。サルがいることを教えると、驚く人が多かった。本当に意外だろう。私は、実際に群れが棲むことを確認し、うきうきする気分になった。都会近くに、人間に最も近い生き物が、自然の植物を食べて生きている姿を直視したからだ。

(3) 野生のニホンザルに会うまで

　私は、このときまでにほかの場所で何度かサルに会っていた。

　２００８年1月、自然関係団体の会合の際に奥多摩に野生のニホンザルが棲んでいると聞いてから、2年ほどは頻繁に探しにでかけた。それほど遠くない檜原村などにも棲むと聞き、何か無性に会いたくなったのだ。その後、東京のサルのことを調べ、サルがいるらしい檜原村の小坂志沢や矢沢付近などに、春、夏と何度か行った。奥地に入ることが多かったが、登山道でクリの食痕を見たことや、サルを見たことがある人の話を聞いたくらいで、会えない状況が続いた。

　あきらめかけていたその年の晩秋、檜原村で科学教育研究会によるサルの観察会があることを聞き、参加した。五日市線武蔵五日市駅からバスにのり、檜原村のある集落に着く。講師の説明では、畑の周りの青い網状の柵はサル除けの電気柵で、電気が流れている。サルが畑の野菜を食べに来るため、これが必要な状況だとのこと。

花を食べる

草を食べる

新芽を食べる

　次に山側を見て、コナラやエノキなどの落葉樹はサルの餌になるが、スギやヒノキなどの針葉樹は餌にならない。だから、サルにとって落葉樹の多いところが必要条件になる。針葉樹の植林が多くなった現在、沢や道路沿いの方が落葉樹など木の種類が多く、里には美味しい食べ物の宝庫である畑もある。そのため、サルも里の周りに棲むようになった。また、村の人も高齢化、過疎化し、追っ払いきれなくなった。これが現状で、簡単には解決しない問題だという。

　もう1人の講師は、ここの近くで撮ったサルの写真を見せてくれた。カキを食べている。この付近に一日いれば会う可能性が高いという。あまり山奥にいかないでも会えるということだ。

　説明のあと、近くの林道と尾根を登る。林道脇にはサルが食べた痕のカキの種やサルのフン、尾根ではユズの痕があった。シカのフンもあった。結局、この日はサルには会えなかったが、この辺りに来れば会えるだろうと確信した。

（4）檜原村付近でのニホンザルとの出会い

その後、２００９年の正月休みのある日、檜原村に行こうと車で上野原から甲武トンネルに向かっていた。トンネルに近いカーブを曲がったとき、突然、サルが目に入った。山側斜面、すぐ上に何頭かいる。驚いて車をとめる。サルも慌てたようで、上に逃げていく。コンクリートで覆われた斜面だ。「フォー、キー、クー」などいろいろな声が聞こえる。金網の上でくつろぐサル、林の中に入っていくサル、木に登るサル、川側から山側に道路を渡るサルもいる。しばらく距離をおいて見ていたら、8頭くらいが斜面に出てきて、コンクリートの間に生えている草を食べはじめた。東南側に向かう朝陽があたる暖かい場所で食事だ。サルの群れの様々な興味深い動きを見ることができた。初めてじっくりと見る野生のニホンザルの群れだ。こんなふうに真冬でも野生で生きているんだ。しかも、自動車道路の横で、と感動的な出会いだった。

檜原村の集落付近でサルに会ったのはその年3月。近くの林道を歩いていると、左上で小さく「クー」という声がし、少し歩くと後ろで「ゴソゴソ」と音がした。振り返ると、林道を渡る1頭のサルがいた。土手を登り、石垣の上に座って見ている。そのうち少し上に登り、また私を見て移動し、森の中に消えていった。ちょこんと座り、こちらを見る視線がいじらしく、なんとなくかわいいとさえ感じた。

しかし、同じ年の秋のある日には、驚く光景を見た。集落近くの林道を登っていくと、遠くの道脇に2頭のサルがいる。むこうも気づき、次の瞬間、山側にいなくなった。サルが入った斜面に登ってみると、左右の木が揺れていた。上の植林に入っていくと1頭のサルが植林の中を集落側に歩いていくのが見えた。私も林道におり、集落に近づく。すると、突然「バーン」と銃声らしい音が聞こえた。いやな予感がした。私が驚かしてサルを移動させ、その結果で撃たれたとしたらなんと申し訳ないことか。集落に行くと、林道横の畑で作業する大人と男の子がい

屋根上でカキを食べるサル

た。子どもは黒い銃のようなものを持っている。不審に思い、畑の中に入って大人の人に聞いてみる。「この辺は、サルやシカなど野生動物が出ますか?」。「シカは見ないな。サルは頻繁に出る。今の時期、カキを狙ってくる」。「ピストルの音がしたけど、撃っているんですか?」。「いや、花火ですよ」。追っ払うために、子どもが鳴らしたらしい。安心した。

サルが斜面の中腹を東方向に向かって歩いていく姿が見えた。私もバス道路に出てその方向に歩いてみたら、すぐのところで、なんとサルが道路沿いの家の屋根に登っていった。1頭に続きもう1頭。そして木に登る。カキの木だ。もぎとったカキを持って屋根の上へ行き、どうどうと食べている。「こんな近くで」と驚く。とてもおいしそうに食べている。家はカーテンが閉まっているので留守のようだ。食べたあと屋根からおり、別のカキの木に登ってしばらく食事。その後、また屋根に戻り、地上におりて草の中に消えた。集落の中でもちゃんと抜け道を知っている。それにしても、これじゃあこの家の人はたまらないだろう。住んでいないのかもしれないが。

私は翌週もサルを見にその集落に行ってみた。この日は、なんと集落の真ん中でバス道路を横切った。すると、近くのお店からあわてたように男の人が出てきて、「ヒューン、バン」という大きな音の花火で追っ払っていた。住民には本当に迷惑のようだ。そのサルが出てきた付近は一軒の家があり、そこにはカキの木が2本あった。

(5) ニホンザルに考えさせられる

野生のニホンザルに会いたいと思い、あちこち回ってようやく檜原村で会うことができた。その後、八王子市の郊外でも会えた。

サルとの出会いでは、驚き、楽しみ、考えさせられた。まず、行動に驚く。地上は四足でゆっくりと歩くが、樹上の動きはすばやい。登るだけではなく、隣の木に飛び移るジャンプ、頭を下にして幹を下るなどサーカスのようだ。元々、樹上の動物、これが自然の姿なのだろう。ふわっとした毛の固まりは縫いぐるみのようだし、ちょこんと座る姿もかわいい。また、群れをつくり、その中で子どもを育て、声や表情で合図をし、毛づくろいをして仲を確かめあう。このような群れの習性は、人間関係の原点であるようで考えさせられる。

サルは森、特に、落葉広葉樹の恵みで生きている。多種類の草木の冬芽、葉、花、実などを食べる。まさに、森の多様性の象徴のようだ。サルが里におりてくるのは、森の食べ物が減ってきたことも原因となっている。

問題は、人間に迷惑をかけている猿害だ。檜原村では、集落近くのサルと人間の争いを見た。せっかくつくった畑の野菜を食べてしまうので嫌われている。そのため、花火で追われていた。人間には迷惑だろうし、サルはかわいそうで、どちらにしても気持いいことではない。サルは、迷惑をかけているとは思っていない。そこにおいしいものがあるから食べるだけだろう。自然の習性で生きている。サルから見れば、人間は水がある平らないい場所を独占していて、うらやましいと感じているかもしれない。一方、人間は、自分が所有する土地で、自分が育てたものという観念がある。政治や経済の価値観、人間社会の枠組みで生きている。もともと噛み合うはずがない。

しかし、このときの木下沢の群れは、落葉広葉樹主体の自然の植物で生きているように見えた。実際には人に迷惑をかけることもあるかもしれないが、都会近くでも、野生動物と森と人間の安定した関係があるようにも思えた。このような野生の生き物と人間社会が共生している場所が広まるといいと思う。そのためには野生動物に配慮した自然環境がどのようなものかを理解し、それをもっと増やすことが望まれると思う。

30.「高尾山」の豊かな自然

(1) 見直した高尾山

高尾山はつまらない山と思っていた。「山」というより「観光地」。ケーブルカーで登れるし、道が舗装されていて観光客が多い。これが私の長い間の印象だった。学生時代から静かな山や川が好きな私には、わざわざ行く場所ではないと思っていた。野鳥好きになってからも、高尾山に行こうという気持ちにならなかった。

その印象が大きく変わったのは、2004年に息子と参加した横沢入での子ども向けクモ観察会だった。「クモは日本で確認されているものだけで1300種くらいいて、横沢入には130種くらいいる。高尾山にはもっといて400種くらい。クモや昆虫が多いのは、植物が多いから。高尾山は南方系と北方系の植物が混じりあうので、豊富な生き物がいる」。そのときの講師の言葉だ。野鳥も多いという。

(2) 野鳥観察会に参加

2005年4月下旬に日本野鳥の会東京支部の高尾山探鳥会に参加した。朝8時、京王高尾線高尾山口駅に集合。わくわくするような春の陽気だ。リーダーの説明では、「今頃は、オオルリ、キビタキ、センダイムシクイ、クロツグミなど東南アジアで冬を過ごした野鳥が戻ってきている。これからの夏を高尾山で過ごす」とのこと。

1号路を登りだすと、道沿いにいろんな花がたくさん咲いている。探鳥会ではあるが、リーダーが花の名前も教えてくれた。たくさんあるのがタチツボスミレ、高尾山だけしかないというタカオスミレ、葉がかわいいマルバスミレ。その頃、私は花のことはわからなかったが、ちょこんと咲く姿がとても清楚な感じで、素直に「いいものだな」と思った。

リーダーは青色が美しいオオルリを見つけてくれた。東京付近では、なかなか姿が見られない鳥だ。また、尾

高尾山で発見されたタカオスミレ

マルバスミレ

根の上の道では、左側が南方系の常緑広葉樹、右側が北方系の落葉広葉樹とはっきり分かれていると教えてくれた。確かにそうだ。ケーブルカーの山頂駅を過ぎると4号路に入る。ここから細い登山道になり、周りはとてもきれいな森。芽吹いたばかりの透き通るような緑が美しい。吊り橋付近に来ると、誰かが「本当に気持ちがいいわね。近いんですもの。もっとこなければ」と話している。私も「そうだな」と心の中でつぶやく。ここで、高い枝にいるキビタキを観察。胸の黄色が美しいキビタキを初めてしっかり見て感激した。

吊り橋から戻って1号路近くの神変山の広場で鳥あわせ。その結果、その日出た野鳥は44種となった。私が気がつかなかった鳥も多い。オオタカ、サンショウクイ、コサメビタキなど珍しい鳥も出たという。

この観察会に参加して、初めて高尾山の自然に目が向いた。確かに野鳥は多いが、それ以上に樹種の多い森は美しく、草花もかわいいものだと思った。この観察会のパンフレットに、なぜ高尾山の生物が豊富なのか書いてあった。その第一は、現在でも自然林が残っていること。人工林でなく、幾種類もの植物が高木層、亜高木層、低木層、草木層といった多様な環境をつくっている。第二は、この山が暖温帯常緑広葉樹林から冷温帯落葉広葉樹林へのちょうど移り変わり目にあること。第三は、薬王院の存在。西暦744年から、信仰の場として森林が保護されてきたという。豊富な植物が、多様な食物連鎖を形成している。

この観察会をきっかけに、高尾山の印象がはっきりと変わり、度々行こうという気持ちになった。そればかりか、自分の自然に関する価値感も明らかに変化した。それは、近くにも豊かな自然が残っていること、そして、豊かな自然は植物の豊富さでつくられるということだ。

（3）ハイキングに来て

5日後、1人でハイキングにやってきた。連休初日で、中央高速は30キロの渋滞。しかし、電車ならば1時間くらいで高尾山口に着く。近いこと、電車で行かれることもいいことだ。

リフトにのるとすぐ緑の中に飛び込んでいく。リフトをおりて歩き出すと、道沿いに直径が1メートルくらいある太いブナとコナラがあり、ケヤキ、スダジイ、モミなどの大きな樹もある。今回は3号路に入る。4号路と同じように、ここも土の細い登山道だ。急に静かになり、野鳥の声が聞こえてきた。センダイムシクイ、オオルリの声も聞こえる。針葉樹と広葉樹が適当に混じる自然林の中を気持ちよく歩き、広い道路に合流して山頂到着。山頂は大勢の人で賑わっている。200人以上はいるようだ。広場が何箇所もあり、どこも人が多い。店も何軒かあり、ジョッキの生ビールも売っている。頂上で飲むビールはさぞおいしいだろう。が、お酒を飲んでの下りは大丈夫かと余計なことだが心配になってしまう。ここだけ見ると、やはり観光地だ。しかし、周囲の木々はいろんな種類が混じった新緑で、「自然の中に来たなあ」と思わせる美しさがある。

高尾山の頂上（三角点付近）

山頂にビジターセンターがあり、頂上付近の自然を短時間で案内してくれるガイドウオークを実施しているというので参加した。人が多いので混んでいるかと思ったら私以外は1家族。自然観察の関心は低いようだ。イノシシの掘った穴やアリジゴクのこと、チゴユリ、マルバスミレなど花のこと、石垣の間にスミレが咲く仕組みなどいろいろと解説してくれた。

ガイドウオーク終了後、下山は、4号路から「いろはの森」コースを行くことにする。いろはの森に入ると人はいなくなり、静かな歩きを楽しめた。キツツキのドラミングが響くように聞こえる。この道には、いろはカルタのように、樹に名札がついている。看板の案内によれば、70種の樹木につけているという（「い」「ろ」「は」から「ん」まである）。

沢沿いの道に出る。「とても花が多い道だな」と思いながら下る。ここは「日影沢」というらしい。このときはここに何度も来ることになるとは思ってもいなかった。

高尾を自然観察しようと初めて歩き、消化できないほどたくさんのことを見聞きした。それまでは高尾山に登ることは山頂への線として見ていて、山の周囲を訪れるという意識はなかった。1号路からの山頂は、確かに観光地であるが、すぐ横には豊かな自然の森がある。このことを知って、今まで思い込んでいた高尾山のイメージが間違っていたと感じた。それも、自然観察会に参加するようになって、自然の見方を少し授かったおかげだと思っている。草木、昆虫、野鳥、哺乳動物などの生き物を観察しようとするといろんな出会いがある。

高尾山は、2007年にミシュラン旅行ガイドブックで、三つ星の日本の観光地として紹介され、さらに混むようになった。それでも、その後も自然を見ようと高尾山の周辺を歩き、豊かな自然の中、いろんな出会いを体験している。

頂上付近から見える森と街

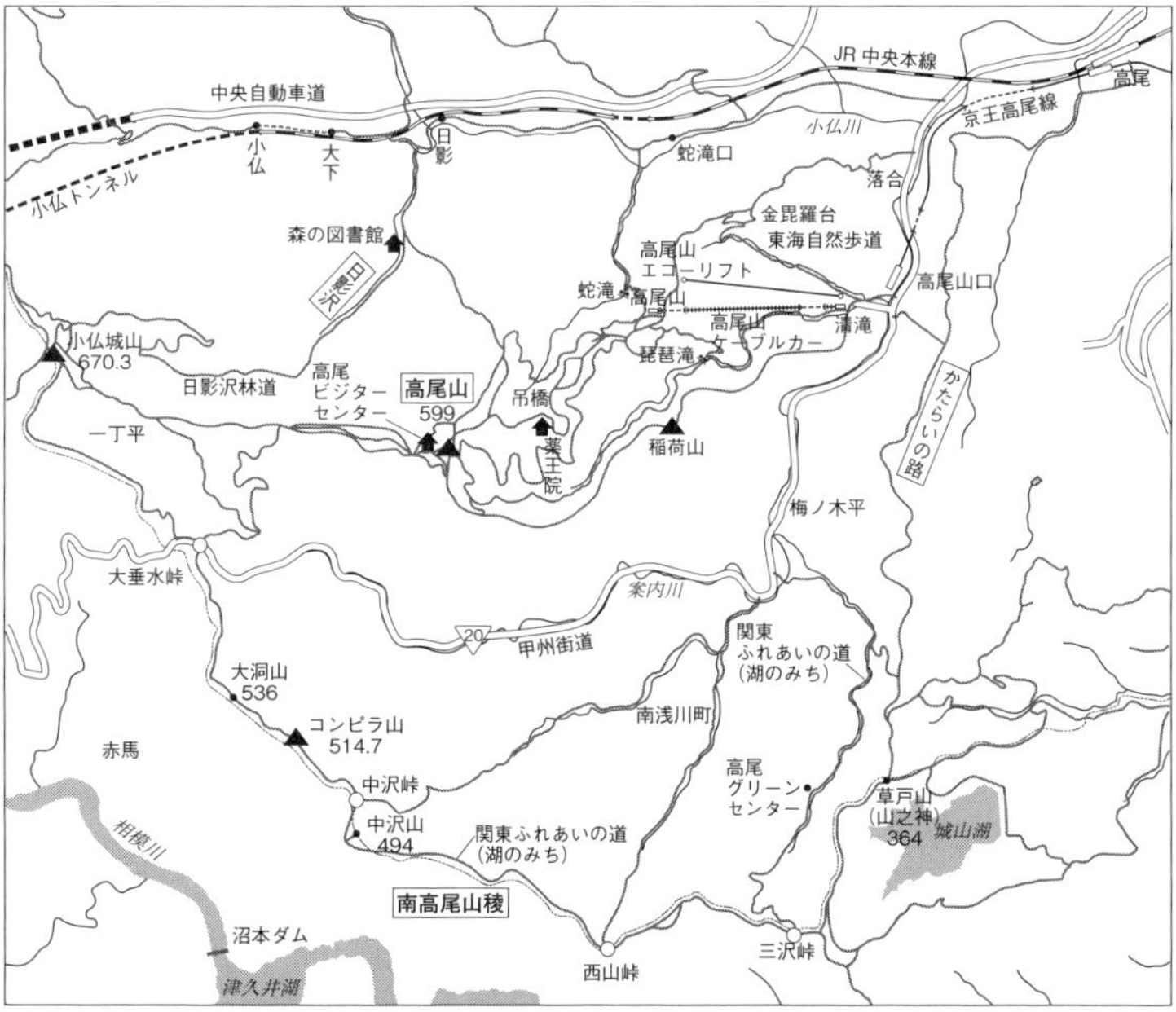

高尾山周辺（日影沢、南高尾山陵など）

31. 高尾山に棲む空飛ぶ「ムササビ」

(1) ムササビ観察会に参加

高尾山のムササビ観察会の案内を新聞で見つけて申し込んだ。2005年のことで、ちょうど高尾山に関心をもちはじめた頃だったので、興味津々だった。ムササビについては、リスのような姿をしていて、飛ぶこと以外は知らなかった。そんな変わった動物はどこか山奥にいる珍しい生き物というイメージだった。それが高尾山で観察できるということがとても新鮮に思えたのだ。

5月下旬、夕方、高尾山口駅に集合。案内の先生の説明では、今日の日没は、18時49分。その30分位後に出てくる。「必ず1頭は会える」という。どういうふうに会えるのか、想像すらできず、ドキドキする。ケーブルカーで上り、薬王院に向かって歩き出す。ムササビは山全体に棲んでいて、ケーブルカー山頂駅付近にもいるという。木の穴が巣なのだが、穴の大きさは大人の握りこぶしくらいがちょうどいい。注意して見ると、樹には結構穴が空いている。モモンガやリスも入るという。アカゲラなどキッツキ類が空けたこの樹木の穴は、哺乳動物にも重要な棲み家なのだ。

途中でムササビの食痕を探す。食べる物はスギやカエデ類、カシ類など、多くの木の葉や芽、実など。季節に応じて変わるが、この時期に好きなのはミズキの葉。折って食べるから葉っぱの真ん中に丸い穴があるという。様々なメニューを食べるので、樹種豊かな森では一年中暮らせる。

ムササビがいるかも知れない木の穴

薬王院に到着するとフンの説明があった。ムササビのフンは正露丸のような大きさと形だという。見つけた人がいたので、見ると確かに小さな丸い玉だ。今頃は2月に生まれた子どもが親と一緒にいて、子どもも出てくるらしい。飛ぶ姿は小さい座布団のようで、40センチ四方に尾っぽが出ている。木をポンポンと上っていき、高いところから飛ぶ。飛ぶ前に、「グルルルー」と鳴く。手と脚の間にある膜を広げ、それを翼として飛ぶ。鳥とは違い、グライダーのように滑空していくわけだ。時速60キロ位で飛び、途中で身体全体が前を向く姿勢になって空気抵抗で減速し、木にとまる。そしてまた木を登り、高いところから飛ぶ。そうやって森を移動する。

時間を忘れて説明を聞いているうちに陽が落ちた。いつ出るのかなとドキドキしていると、19時5分頃、広場横の高いスギの木に2頭出たという。思ったより早い。赤いセロファンをつけた懐中電灯で光をあててくれる。赤い光は、ムササビにはまぶしくないらしい。15分位すると、1頭が右の枝に移った。と気がつくと、サッとこちらに向かって飛んできた。白い腹を見せて、あっという間に背中側の柵の上を越え、暗闇の森に消えていった。2頭目は、しばらく穴でジーッとしていたが、突然右の枝に登って右側に飛んだ。斜めにすべり落ちるような飛び方だ。確かに簡単に会えた。

興奮さめやらぬままに先生の誘導で違う場所に移動する。そこでは暗闇の中でガサガサと音がする。木の中に2頭いる。しだいにこちらの方に来る。親子らしい。そのうち、近くの建物の屋根に親が飛んでくる。そして、次は子ども。なのになかなか飛ばないので心配になる。しばらく間があり、やっとのことで飛んだ。ところが、親と少し違う場所に飛び、しかも地面に落ち、転がった。「どうなることか」と思ったがすぐに建物の木の壁を登った。人間と違い、落ちても簡単にはケガをしないようだ。屋根の下の壁から数センチくらい出ている木の梁の部分に登るが、親は、その上の屋根にいる。間

夜の森を飛ぶムササビ

にひさしがあり、一緒になれない。「キー」と心配そうに親が鳴く。子はどうしていいかと、ちょっと動いてはとまる。親が呼ぶように鳴くと、その声の方に近づいていく。親がひさしのない場所から屋根の下におりる。子どものいる木の梁の上を器用に歩き、やっと親子が一緒になった。そのあと親に連れられ、オーバーハングのところを落ちそうになりながら上っていった。子を案内する親、親を追う子。このような親子の深い絆を感じさせる光景が目の前で行なわれた。そして、ぬいぐるみのようなとてもかわいい姿もじっくり見られた。

一号路で出会ったムササビ

　このあと1号路を下る。夜だが、東京の街の明かりが雲に反射していて意外に明るい。この日は懐中電灯をつけなくても歩ける。下りも動物が出ることがあるというが、実際にリフト乗り場辺りでムササビに会えた。坂を下って高尾山口の駅に戻り、ここで終了。先生が、今日は珍しいことに4回分位ムササビに会えたという。私も想像以上の体験に驚いた。

　その後、何回か高尾山にムササビ観察に行っている。大体、1、2回は姿を見られるが「グルルルー」という声だけ聞くことも多い。場所も、薬王院以外に女坂の途中、ケーブルカー駅付近、リフト駅の下の坂、布流滝の付近やその下など本当にいろいろだ。具体的な数はわからないが、結構多くのムササビが棲んでいるようだ。

(2) ムササビの分布

　先生の分布調査によると、ムササビは、東京でも西側の奥多摩町や檜原村には大方の場所に棲み、それより東京寄りの青梅市やあきるの市、この高尾山のある八王子市にも分布する。分布の境界を調べた結果、奥多摩につながる丘陵沿いに棲むことがわかったという。加治丘陵、草花丘陵、五日市丘陵、加住丘陵、川口丘陵、元八王子丘陵、長房丘陵、多摩丘陵のまとまった樹林が残っているところに多く棲んでいる。東京でも結構広い範囲だ。しかし、草花丘陵や加住丘陵の先端部のような大規模ゴルフ場があるところは、森が分断化していて棲めないらしい。同じように、多摩丘陵はニュータウン化でわずかしか生息していないとのこと。このように、森がつながっていれば身近にも棲んでいるが、人工的に分断されれば棲めなくなる。初めて知ったことだが、森の開発によって棲み家減っている現実がある。

（3）高尾山の哺乳類

私が、高尾山で見た野生の哺乳動物は、このムササビとニホンリスくらいで少ない。しかし、タヌキやイノシシは多く、テンやハクビシン、アナグマもいるらしい。哺乳動物は夜に活動することが多く、人目に触れないで過ごしている。昼には多くの観光客が訪れる高尾山だが、このような動物が棲んでいることを知っている人はわずかだろう。

比較的大きな哺乳動物でさえなかなか見られないのだから、小さい動物は存在すら知られていないものが多い。そして、大体の人が、これらが相互に関係して生きていることを知らない。人間には自然の一部しか見えていない。自然の土地を自分のものと思い込み、動物のことを考えずに勝手に人工物をつくっているので、生き物にとってはずいぶん迷惑なことだろう。想像もしていなかったムササビを、東京近くで見ての印象である。

（＊参考文献）『ムササビに会いたい！』岡崎弘幸、晶文社出版

32.「日影沢」の自然観察会で

(1) スミレに誘われて

日影沢を初めて歩いたとき、花いっぱいの沢との印象が強かった。2005年の春に高尾山からの下山で通ったとき、スミレやニリンソウなどの花が道沿いや沢の中にあふれるように咲いていたからだ。

翌年春、スミレが咲く4月上旬にこの沢に行ってみた。日影沢林道に入り、沢を見ると、河原には一面といえるほどニリンソウが咲いている。周囲の新緑と輝く水の流れに散りばめられた白さがミックスし、春らしい感じだ。道路端にも、白や薄紫などの花が点々と咲く。こちらは、タチツボスミレが多いが、ほかの種類もある。ナ初めてみるスミレが崖に張り付くように咲いている。ナガバノスミレサイシンだ。スミレを撮るカメラマンも多く、寝そべって撮っている人もいる。沢沿いにある森の図書館の上流では、道脇の斜面にエイザンスミレが咲いている。これも初めて。写真を撮っている人の話を聞く

ニリンソウに囲まれた日影沢

と、「ここには、60種類もの花が咲く」といっていた。まさに自然がつくり出した春のお花畑だ。

(2) 観察会で指導員の見習い

同じ2005年の秋に日本自然保護協会（NACS－J）の自然観察指導員の資格をとり、すぐにNACS－J自然観察指導員東京連絡会（NACOT）に入会した。そして、翌年の春、早速NACOTの「日影沢からの高尾山観察会」に参加した。最初は、サブリーダーとしてリーダーの後ろをついていった。

リーダーが数名の参加者に花や木を説明する。コチャルメルソウのような、数ミリくらいと小さくて緑色の花は、説明されないと花には見えない。そのチャルメラ（ラッパ）のような形の面白さもわからない。自然の世界には、目の前にあっても気がつかないことがたくさんあり、それを知るために解説は役に立つ。アブラチャンというかわいい名前のついた樹や小さくて薄い青紫のヤマルリソウを知ったのも、ミミガタテンナンショウの雄花、雌花の仕組みを聞くのも初めて。ほかにも、いろんな花があると感心するばかりだった。

サブリーダーの私も「この花はなんですか」と参加者から聞かれる。植物に弱い私はほかのリーダーに助けを求め、教えてもらう。植物の観察会にほとんど参加したことがなかったので、サブリーダーどころか自分が教わっている。私も教える立場になったと認識はするが、知識がないのが寂しいと同時になさけない。昼食後、登山道に入り、高尾山に登って頂上で観察会は終了。私はほとんど説明ができず、聞いているだけだった。リーダーになるためには知識と経験が必要で、当分私はなれないと思った。

次の夏の会は、6月下旬の下見から参加した。夏は昆

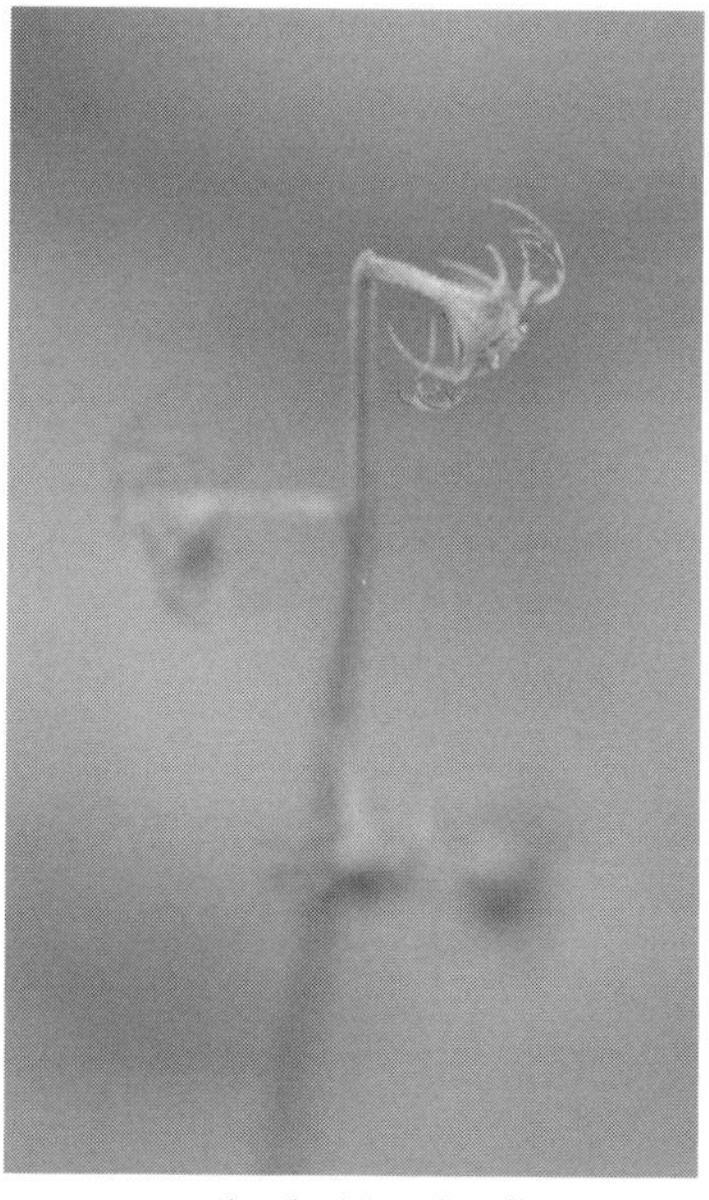

コチャルメルソウの花

「美人ブナ」と呼ばれるブナの木

虫が多くなる。沢に入ったところに白い蝶がいる。モンシロチョウかと思ったが、モンシロチョウは日当りのよい草原に多く、この辺りにいるのは、林を好むスジグロシロチョウだという。そのスジグロシロチョウが翅を広げ、尾を突き出す姿をした。何かと思ったら、交尾拒否ポーズだ。ほかにも模様がきれいなオオトラフコガネ、虫の死骸から出るキノコの冬虫夏草、白い泡のようなブクブクに隠れているアワフキムシの幼虫、葉の間に浮かぶようなクモの卵、ハチの模様に擬態しているトラフカミキリ。どれも初めて見る。頂上ではアサギマダラが飛ぶ姿を眺めた。翅をバタバタさせず、ゆるやかに、ときにはグライダーのように翅をとめて飛ぶ。リーダーの1人が思わず「きれい」というのを聞き、飛び方にも美しさがあると感じた。下山の途中、横道に入り、ブナを案内してくれた。高尾で2番目に古く、「美人ブナ」と呼ばれている。下から見上げると、青い空と淡い緑の葉をバックに白灰色の幹と枝が広がり、絵はがきのようだと思った。初めての出会いがたくさんあり、とてもためになる楽しい下見だった。

(3) 観察会のリーダーになる

いよいよ観察会の日がきた。駅での待ち合わせのときに、突然、私がリーダーをするようにといわれた。思ってもいなかったので、頭の中は真っ白。もっと準備をしておけばよかったとくやんだが、いい機会を与えてくれたと思い、覚悟を決めた。

参加者全員が集合して、挨拶をした。そして、すぐにグループに分かれる。私は、もう1人のサブリーダーと一緒に4人のグループを担当する。いよいよはじまりだ。何をしゃべればいいのかと迷ったが、まずは挨拶をし、目の前の沢を題材に、自分の得意な川と魚のことを話した。しかし、そのあとが続かない。サラリーマンの私は、会社で仕事のことを話すのは慣れているが、自然の中で植物や動物のことを話すのはど素人だ。

どうしようかわからないまま歩き出す。まずは、この付近に多いアブラチャンの木の前にとまってアブラチャンの説明をした。が、アブラチャンの実が落ちてないかと探しても見当たらず、中途半端な説明に終わってしまった。次に、カタツムリがいたので、「このカタツムリは右巻きだが、左巻きもいる」と説明したが、「なぜ左があるの？」との鋭い質問があり、ほかのリーダーに助けてもらう。種によって巻き方が決まっていて、一部の種が左巻きになっているということだ。さらに、草に白いアワがあったので、アワフキムシの説明をしたのだが、虫が見つからない。近くにいたほかのグループのリーダーがナナフシを説明していたので、私の説明よりもそちらに興味をしめし、そのリーダーの話を聞いている……というような、ぎこちないスタートとなった。

そこに助け舟。オオルリのさえずりが聞こえた。オオルリの説明と、鳥はなんのために鳴くかの話をする。また、シジミチョウの仲間が青い翅を輝かせ、舞いを見せてくれた。ルリシジミだ。そこで、今度は蝶の説明をした。やはり、自分の好きな分野はなんとかなる。

その後も花の名前を間違えたり、ほかのリーダーやサブリーダーに助

観察会の様子

けてもらったりで、参加者に申し訳ない気持ちになったが、おかげでどうにか形になり、やっと登山口のポンプ場に到着し、グループでの観察は終了。参加者の1人がここで帰る。その方が私に、丁寧にお礼をいってくれた。こんな私でも、わずかでも役にたったのかなと少しは安心した。

その後、高尾山山頂まで登った。山頂には見晴台の手すりに緑色に輝く大きな虫がいた。いつもは高いところを飛んでいるタマムシで、近くで見られるのは珍しいという。さらに、帰り道に透明さが奇妙なギンリョウソウが見られたり、ヤマガラの幼鳥が近くに出てきたりで、いろんな出会いがあった。初めてのリーダーは緊張したが、ほかの方々のおかげで有意義な一日を過ごせた。

その年の秋の下見にも参加し、主に植物の説明を聞いた。カツラの葉が落ちている場所は、醤油のにおいのようなすーっとしたかおりがする。ミツバウツギの実は、パンツ型やハート型がある。ゲンノショウコの実は、種子を飛すためにはじけるとおもしろい形になる。サイカチの実は20センチくらいのサヤに入っていて、沢を流れる。コクサギの実は2段ロケットになり、落ちてからまたはじける。キジョランはアサギマダラの食草で、アサギマダラの幼虫の食べた穴が空いている。どれも、そのときは「そうか」と思うが、なかなか頭に残らない。しかし、本番前にはメモをとった植物の資料を集めて整理し、今回は、少しはリーダーらしくできるようにと準備万端ととのえた。にもかかわらず前日から雨で中止となってしまった。

このように、観察会を通じてほかの人に教わり、刺激され、高尾山の生き物の様々な姿を見ることのできた一年となった。

ギンリョウソウ

(4) その後の観察会で知ったこと

その後何年か、ここでの観察会に参加してきた。四季に応じて様々な動植物との出会いがあり、ほかの人からも教わった。

翌年の春もたくさんの花が迎えてくれた。スミレ類、ミヤマキケマン、ムラサキケマン、ヤマエンゴサク、ヤマルリソウ、ラショウモンカズラ。楽しいのは、スミレ類が場所と季節に応じ、何種類も咲くこと。タチツボスミレ、マルバスミレ、タカオスミレ、ヒカゲスミレ、ナガバノスミレサイシン、エイザンスミレ、ヒナスミレ、アオイスミレなどがみられる。株によって花の数や色、葉のつき方などが違い、かわいい姿の花を探すのは楽しい。

珍しいムカシトンボにも出会った。1億5000年前のトンボの化石と同じ姿であり、成虫になるまで7～8年かかるという。また、ニリンソウは、白い花と思っていたが、緑のニリンソウも見つけてくれた。「ミドリニリンソウ」呼ばれているらしい。

ヒナスミレ

珍しいムカシトンボ

夏。翌年は雨模様。白い穂のように咲くアカショウマ。同じく白く、雪が降るように咲くユキノシタ。どちらも雨の中でも気持ちを明るくしてくれる。夏に白い花が多いのは、昆虫の多い時期に緑の中で目立つためとのことだ。雨が弱まらないので、森の図書館の軒先で雨宿りした。それでも、あるベテランリーダが、雨の降る中、割れたオニグルミの実を二つ持ってきた。きれいに割れているものと、一部がかじられているもの。一つはリス、もう一つはネズミの食べ跡だという。さらに、雨のあたらない建物の下で、アリジゴクやタマムシの子どもを発見。雨宿りでもこんなに観察ができるものだと感心した。

ヤマナシの実

ツチグリ

スケバハゴロモの幼虫

クビナガオトシブミ

小雨になり、林道で観察をはじめる。道の真ん中で、ヒルの一種のクガビルが、太さ1センチくらいありそうなミミズを丸呑みしている。これこそ雨の日にしか見られない光景だ。また、長い首のクビナガオトシブミの一種が、葉っぱの上でちょこんと休んでいる。かわいいの一言につきる。

別の年の夏には、オオムラサキやカラスアゲハ、ジャコウアゲハ、アオスジアゲハ、アサギマダラなど美しい蝶たちにも出会えた。また、白い毛の羽衣をつけて、とても昆虫には見えないスケバハゴロモの幼虫も見た。白い綿のようなものが動くのは、不思議な感じがした。

秋。森の図書館近くで、ヤマナシの実が落ちていた。ナシの原種のヤマナシの樹があり、その実だ。一般のナシより小さいが、ナシの姿だ。表面に汚れがあるが、ちょっとかじってみた。硬いが、甘ずっぱい。野生動物になった気分になる。そういえば、人間は動物だ。

登山道では、ヤグルマカエデの実生がある。これは高尾山で発見された種別だという。高尾山で発見された種別は、タカオスミレなど60種以上もあるという。ツチグリというキノコも見た。これは、花弁のようなものがあり、キノコには見えない。

ベテランの方々とご一緒に、同じ場所を季節を変えて何度もやってきて、たくさんの出会いがあった。驚くようなことが度々あるのは高尾山ゆえなのだろう。

(5) 高尾山と観察会

自然観察指導員になったのは、自然観察会に参加して、自然に関心を持ったことがきっかけである。それが、いつのまにか自分が観察会で説明する立場になっていた。先輩の話を聞き、自分でも調べ、話をする。いまだに指導員として自立できていないが、ほかの人に教わりながら、少しずつ広い分野の動植物に愛着を持つようになった。

そして、この高尾山での自然観察で、生き物の意外な姿との出会いがあった。それは、きれいな花もあるが、動植物の多様な生き様である。人間の価値感とは関係なく、生の自然の姿がそこにある。このような多様な生き物と出会い、その仕組みがわかることは素晴らしいことだ。

が、高尾山に訪れる100万を超える多くの人々の中で、観察会の参加者はほんの一握りだ。世の中の風潮として、「自然が大切」といわれる時代でありながら、身近な自然やその仕組みに関心がある人はあまりいない。そのような人たちに関心を持ってもらうにはどうすればいいのだろうか？

自然観察会での説明者は自然の姿からその仕組み、その背景にある自然の素晴らしさを伝えようとしている。自然の姿の意味を人々にわかるように翻訳するので、「インタープリター」とも呼ばれている。実際に自分がやってみて、インタープリターはとても難しいことがよくわかった。自然についての広い知識とわかりやすい話し方が必要だ。うまくできるまで経験を重ねなくてはならないので時間もかかる。それを好きだから、知ってもらいたいから、余暇を使ってボランティアでやっている。「自然を大切にする強い気持ち」が基にあるからできるのだ。その努力が報いられることを心から願っている。

33.「南高尾山陵」での陽だまりハイク

(1)「かたらいの路」での観察会

大菩薩からはじまる多摩川の南側に沿った山の連なりは、三頭山、笹尾根、陣馬山などを経て、「南高尾」の山稜になる。この高尾山の南側の尾根は、高尾山の東側に高度を落とし、JR中央線高尾駅付近まできている。多摩川を囲む山脈の最も南端で、この一帯から南浅川の支流群が流れ出ている。

2008年2月、その山稜の末端部を歩く観察会に参加した。森林インストラクター東京会が実施する親子を対象とした観察会だ。高尾駅から尾根を歩き、京王線高尾山口駅まで歩く。駅からの住宅地を抜けると尾根につきあたる。「かたらいの路」と名づけられた登山道がここからはじまる。住宅がすいぶん上まできているが、突然、静かな山道になる。植林と広葉樹林が混じる尾根道で、冬でもかなりの植物を観察できる。ジャノヒゲやヤブコウジの実など、冬でもきれいに色づいている。葉がなくなった樹皮もおもしろい。カゴノキは鹿の子のようなマダラ模様、アサダは短冊のように四角くめくれている。また、キジョランの葉には、アサギマダラの幼虫が何匹かいた。ドングリも点々と落ちていて、中には芽が出て根づいているものもある。冬は空気が澄んで見晴らしがいい。途中、東から北が開けている見晴らし台があり、遠くにうっすらと男体山が見えた。

芽が出たドングリ

この観察会で特におもしろかったのは、哺乳動物のフンのことだ。詳しい方がいてみつけてくれた。正露丸のような形と大きさのムササビのもの、それより少し大きいノウサギのもの、黒く細長いテンのもの。テンは、路上の切り株の上など目立つところにするという。モミの木の根元にあったフンは、少し大きくて灰色の毛が入っていた。これは、イエネズミを食べたキツネのものではないかという。キツネだとすると、高尾山では珍しいとのこと。それにしても、高尾駅の、それも住宅街の近くで、こんなに哺乳動物がいるということには驚いた。

帰路は、四辻という峠から高尾山口駅におりたが、四辻から南側の尾根が一般的なハイキングコースらしい。機会があれば行きたいと思った。

（2）南高尾山陵を歩く

その年の12月下旬に「かたらいの路」の南側を訪れた。晴れているが寒い朝で、車窓からの景色は霜なのか白さが目立つ。ＪＲ中央線相模湖駅からバスで大垂水まで行く。そこから尾根を東に向かい、草戸山からかたらいの路を高尾山口まで歩く。

大垂水峠は車がたくさん通る甲州街道の峠。そこから登山道に入る。植林の中の登り道から尾根上に出ると、神奈川県側は広葉樹になる。コナラが多く、ヤマザクラ、エゴノキ、トチノキ、カエデ類などが混ざる。すぐに大洞山に着く。展望はあまりよくないが、わずかに城山方面と木の間から高尾山が見える。

この山稜は相模川との境界にあるが、相模川側は木の間から津久井の町が見え、消防車のサイレンや犬の声、バイクなどのいろんな音が聞こえる。野鳥の声がときどき聞こえるが、町の騒音の方が大きいのでややうっとおしい。

少し歩くと、相模川側に「三井水源林」との看板がある。見晴らしがよさそうなので少し下ってみると、低い広葉樹が植えられていて、視界が開ける。手前に津久井湖の一部が見え、奥には町やゴルフ場が広がる。この三井水源林は、看板に「県民の皆様が『水源の森林づくり』を見て学び参加することのできる森林です」とあるように、行政でつくっているものだ。広葉樹、巨木、混交林、複層林の見本林、ボランティアの森があり、森林に興味がある人にはおもしろそうな場所だ。

その先に見晴台がある。相模川側に木が全くないので、その名のとおり眺めがいい。津久井湖が大きく見

見晴台からの眺め（津久井湖方面）

え、その周りに田んぼや家がある。上には丹沢の山々、そして、右奥に雪化粧した富士山が顔を出している。

歩いていると、ヒタキのヒーヒーという声がする。高尾側に見晴しがよさそうな場所があり、踏み跡があるので行ってみた。入ったとたん、近くに鳥がいた。ルリビタキのオスだ。とてもきれいな青い鳥。私の大好きな鳥だ。

踏み跡を登っていくと古びた椅子があり、一番高いところで休んでいる人がいた。地図にないので聞いてみると、ここは「西山」だという。

山頂では、メスのルリビタキにも会えた。頂上から少し離れた場所に、眺めがよくて椅子のあるところみつけた。その椅子に座って昼食にする。手前は鳥の出そうな草地、正面にこれから行く尾根、左に八王子方面の街並みが見える。風がなく、暖かい日ざしでぽかぽかした中、展望を独り占め。「至福の時間」と感じ、陽だまりハイクもいいものだと思った。心配していた雪や凍結は、尾根道のためか、全く問題なかった。

しばらく尾根を歩くと三沢峠に着く。ここで休んでいた人が、「結構いい鳥が来ている」という。「どんな鳥が

西山付近の眺め（八王子方面）

来ているのですか？」と聞くと、「下の方にウソ、上の方にはルリビタキ」と。「いい鳥」という表現は疑問だが、確かに、なかなか会えない美しい鳥だ。冬は、高山の野鳥が低い山や平野におりてくるので、バードウォッチングも楽しい。

右側に城山湖が見えてくる。この湖は、揚水発電用の人工湖である。夜の余剰電力で津久井湖から水を汲み上げて溜めておく。昼に津久井湖に水を流して発電する。水位が上下するので、湖岸への立入が禁止されている。周辺は城山町の「町民の森」になっていて、道も整備されている。

草戸山に到着。東南側の眺めがよく、相模原方面のビルなどが見える。ここからは高尾方面に向かう「かたらいの路」に入る。整備された道から細い登山道に変わる。高尾山薬王院がよく見える草戸峠を過ぎると広葉樹も増える。ちょっとしたハイキングにはいい場所だと思いながら歩く。そのうち、車や電車の音、お寺の太鼓の音がなど聞こえてくると四辻に着く。冬の一日、快適な尾根歩きを楽しんだ。

(3) 陽だまりハイクで感じたこと

冬は山への足は遠のくが、このような低山の陽だまりハイクは、雪がなければ意外に快適だ。晴れた日はそれほど寒くなく、広葉樹林は葉が落ちるので視界がよくなる。冬だからこそよく見える樹皮や実、芽などの観察対象もあるほか、珍しい野鳥も見られる。東京近くなので植林が多いのはやむをえないが、ところどころ広葉樹林もある。そして野生哺乳動物が棲む痕跡も見られる。

南高尾山陵では、多摩川水系と相模川水系との違いを感じた。相模川側はすぐ下に町があり、ゴルフ場、城山湖など、様々な形で開発されている。多摩川側は、植林は別として、人間の手はそれほど入っていない。ほかの場所でもそうだと思うが、多摩川上流域の森には人工物が少ない。都会近くにしては自然と人工のバランスが適度にある。

今回の歩きで多摩川のさらなるいい点を発見してうれしくなった。

第Ⅲ章　都会を流れる川の水辺

多摩大橋（昭島市）からの眺望

34. 川と人との関わりが増す「羽村」付近

(1) 羽村の堰と草花丘陵

多摩川本流は羽村付近から平野部の流れになる。近くに丘陵が残るものの、青梅付近のような凹状の谷がなくなる。江戸時代の先人は、ここに堰をつくり、四谷大木戸まで多摩川の水を引いた。それが玉川上水。当時では、とんでもない大工事だったらしいが、機械がない時代に、人力で江戸の町まで水路を掘った。そのおかげで、人口増で困っていた江戸の飲用水不足が解消した。玉川上水がなかったら、江戸の繁栄、さらに、今の東京がなかったかもしれない。その取水をする羽村の堰は今も健在。堰によって多摩川の水の多くは玉川上水に入り、勢いよく流れていく。一見ただの流れではあるが、江戸時代から東京の生活を支えている。我が家の水道水もここから流れてきているのだと思うと、自分の暮らしが「多摩川のおかげ」という気持ちになる。

羽村の堤が我が家の近くを流れる玉川上水の源であることを知り、初めて訪れたのは2004年のことだった。

羽村堰

玉川上水のはじまり

この堰付近は魚がたくさんいるようで、釣り人も多い。数人のグループが小物釣りをし、釣った魚を焼いて食べている。今時珍しい光景だ。また、少し上流には渓流魚狙いの釣り人もいる。驚いたことに、尺ヤマメを釣りあげていた人がいた。

羽村の堰を見たあと、羽村郷土博物館の裏の浅間山を登る。ここは羽村草花丘陵のハイキングコースでもある。緑に囲まれ、ほっとする空間だ。野草観察会の団体が、ゆっくり花を観察しながら登っている。途中の羽村神社からは眺めがよく、多摩川が俯瞰できる。「いいところだな～」と思いながら登りきったとたん、「えっ」と思った。丘の向こうは、ゴルフ場。大きな網で仕切られ、網沿いに道がある。「ゴルフ場の脇道ではないか！」とがっかり。これが東京の現実だ。

(2) 多摩川の講習会で知ったこと

２００７年10月、福生市主催で自然環境アカデミーの方が講師を務める「多摩川と人のつながり～羽村から福生へ」というテーマの講習会に参加した。

青梅線羽村駅から多摩川横にある阿蘇神社に出る。ここから川沿いの土手を歩く。最初は砂利道だが、少し歩くと舗装されたサイクリングロードになる。このサイクリングロードは一部途切れるところがあるが、河口まで55キロほどをつなげている。河原には運動場があり、その先の区画にカワラノギクが咲いている。川の流れが岩盤にぶつかり、大きく曲がった流れの先に羽村の堰がある。弱まった流れが自然に玉川上水に流れ込むようにつくられたとのことである。

この付近は野鳥も多い。堰上のススキ河原に珍しいノビタキがいることを講師が教えてくれた。堰の下の歩道橋で川を渡る。右岸に近づくとカワセミがホバリングし、岸辺の枝にとまった。手前の河原にはキセキレイ。右岸には、いい雰囲気の林や沼があり、カワラヒワが何羽かいる。「ヒッ、ヒッ」という声が聞こえたと思ったら、ジョウビタキが手前の木に一瞬だがやってきた。

右岸に渡ると、ここにもカワラノギクが咲く区画があり、手入れをしている最中であった。看板に「みんなで守ろうカワラノギク」とある。はむら自然の友の会が、カワラノギクを増やそうと活動しているのだ。流れに沿って右岸を下っていく。公園から「生態系保持空間」となっている場所に入る。草木がうっそうとした河原で、野生のままのいい雰囲気だ。迷路のような道をぬけると木のないところに出る。

ここは「生態学術研究フィールド」と呼ばれ、多摩川の自然をとり戻すための調査・実験を行っている。ここで講師から「多摩川カワラノギクプロジェクト」の説明がある。河川生態学術研究会が、1995年から野鳥、魚類、植物について、学識者と市民、河川管理者で研究を進める活動だという。ニセアカシアの林を石の河原とし、AからEまでの工区をつくり、それぞれ実験をしている。そのA工区で実験されているのがカワラノギクだ。大学の先生を中心に、多摩川の自然を守る会も種を蒔いているという。今年は台風の影響で少ないらしいが、それでも1万株ほどのカワラノギクが薄紫の花弁をちりばめ、しとやかな美しさで咲いている。この花はほかの草に負けてしまうので、年2回刈りとり作業をするという。大変なことだ。しかし、多摩川と相模川、鬼怒川の一部にしかなく、絶滅危惧種になっているので、このような人たちの力がなければなくなってしまう危機にあるのだ。

羽村神社からの眺め（下流方面）

人々の手で守られているカワラノギク

（3）川と人との関わりが増えて

11月に永田橋から歩いてみようと出かけた。

橋の上流、右岸の土手上は造成地になっており、きれいなレンガづくり風の家が連らなっている。後日、電車の中で広告を見たが、大規模な住宅販売だったようだ。イギリス風邸宅だという。こうやってどんどん人工化が進む。

河原におりて散策するとマユミの実の写真を撮ってい

る人に出会った。「マユミはきれいですね」と話しかけると「そう、マユミちゃん」と、うれしそうにニコッとした。また、ウメモドキの実を手に持った人にも出会った。家に飾るらしい。その人もニコニコして話をしてくれた。この自然の河原は木の実も人を和ませてくれる。

ここより上流は谷の中の川。川遊びや渓流釣りなどをする人しか入らない特別な場所だ。羽村付近からは様々な形で川と人の触れあいが増えてくる。人間の生活のために堰で取水され、住宅開発も行われている。また、サイクリングロードがつくられたり、学術研究や保護活動も盛んである。

人の暮らしは自然に助けられており、利用も必要だ。しかし、ここには野草、木の実、野鳥、魚など残しておきたい野生の自然がある。この自然が人間生活との関わりでどうなっていくのかと気になる。共生できるといいが……。

多摩川中流（羽村〜立川付近）と玉川上水の上流部

35.「多摩川の達人」になる講習会

(1)「多摩川の達人になろう」という講習会

「多摩川の達人になろう」という講習会の案内を見てすぐに申し込んだ。2006年のことだ。多摩川を中心に歩き回っている私は、多摩川をテーマにした講習会はどんなものかとても興味を持った。「『達人』とはなんだろうか」という疑問はあったけれど、まずは、受けてみようと思った。

この講習会は、福生市の福生水辺の楽校運営協議会の主催で、自然環境アカデミーが指導する。一年間を通し、毎月一回、多摩川の代表的な場所を訪問することもあったが、多くは福生の多摩川中央公園付近で行われた。

(2) 驚く生き物や鉱物との出会い

〈ガサガサで魚を捕る〉

最初の回では多摩川全体の話があり、その後、川の水の水質検査を体験した。パックテストという方法でCOD(化学的酸素消費量)を計った結果、受講者全員が2ミリグラム/1以下の値となった。雨水と同じくらいきれいな水だ。

5月行われた第二回は、川に棲む魚や水生昆虫がテーマだ。最初にこの辺りの魚などの説明があった。ホトケドジョウやギバチという絶滅危惧種も棲むという。説明のあとそれらをガサガサという方法でとる。網を岸の草にあて、草を足でガサガサし、出てきた魚などを網ですくい上げてとる方法である。

川に行き、皆で岸辺をガサガサする。私は、川虫やヤゴがとれて、ほかの人は魚もとれていた。しばらくして、講師が皆の収穫物をパレットや観察用具に集めて見せてくれた。それを見てびっくり。かわいらしいジュズカケハゼ、愛嬌のあるシマドジョウ、ホトケドジョウもいる。川虫やヤゴの仲間も多い。地上からは見えないが、こうやって集めると「いろんな生き物が棲んでいるんだ」と驚く。これは「きれいな水」のおかげでもあるのだろうと思った。

7月、台風のあとにもう一回ガサガサをする機会があった。本流は増水しており、流れが速いので、曲線部のふだんは地上と思われる浅い瀬でガサガサする。すると、なんと一回目からジュズカケハゼとシマドジョウが入った。12センチくらいのギバチをとった人もいる。珍しいと思っていたら、私もギバチがとれた。ほかに、カワムツやアブラハヤなども捕獲。増水で流れの緩い場所がワンドのようになり、そこに避難していたのだろうが、それにしても魚の種類が多い。逆にいうと、川の流れや河原に変化がなかったら魚は流されてしまったのだろうか？

ホトケドジョウ（絶滅危惧種）

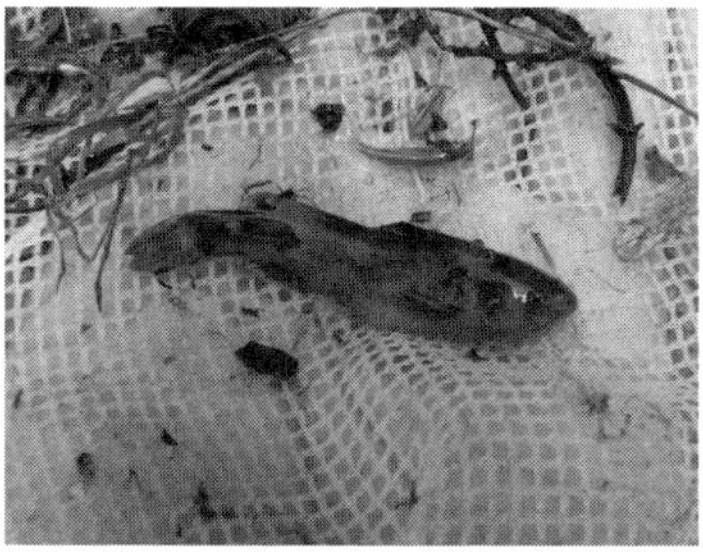
ギバチ（絶滅危惧種）

〈バッタを追いかける〉

9月の回は主にバッタ類など昆虫を探した。最初にバッタの種類の説明があった。この付近には、希少種のカワラバッタもいるという。説明のあと、捕虫網を持って外に出る。どんな出会いがあるのかわくわくする。

最初は建物の前のなんでもない草地に行く。「こんなところにいるのかなあ」と思ったが、見ると小さいバッタがところどころで跳ねている。それを捕まえる。シジミチョウの仲間も捕まえた。ほかの人もなんでもかんでもどんどん捕まえ、かごの中が賑やかになる。大

カワラバッタ（希少種）

体がクルマバッタモドキだが、オンブバッタやコオロギもいる。蝶ではアゲハやキタテハ。トンボもいる。長い時間ではないが、いろんな虫がとれた。普段は気がつかないが、こんなにも多種類の虫たちがいるものかと驚いた。

次に石の河原に出た。河原には灰色の目立たない色のバッタがいる。網をかぶせてとると、カワラバッタだった。希少種が思っていたより簡単にみつかった。講師が、カワラバッタを手に持って説明をしてくれた。翅を広げると青っぽく、とてもきれいだった。地面にいる時は保護色で目立たないが、飛ぶとこの青が輝く。小さなカワセミのような美しさで無機質な色の石の河原に彩りを添える。

〈石を探す〉

2月は石の講習だ。講師は多摩川の自然を守る会の方。「多摩川の石の特徴は、チャートと砂岩が多く、全体の半分くらいある。ほかに花崗岩と礫岩、石灰岩、ホルンフェンス、輝緑凝灰岩がある」との説明があった。

早速、河原に出て石探し。講師から石の説明を受けながら、各人の関心に応じて探す。砂岩についた白っぽい部分を講師に見せている人がいる。氷砂糖のように透明で、柱状の固まりがある。それについて、講師は「水晶のできそこない」だという。「えっ、水晶がでるのか」とびっくり。砂岩に白い結晶がある石がときどきみつかるらしい。ほかの人が同じような白い部分を見てもらうと、結晶が六角形になっており、水晶だという。私は、きれいなチャートや珍しいという輝緑凝灰岩を探していたが、水晶が出るというので白い模様も探した。結局、水晶はみつけられなかったが、石探しもおもしろかった。

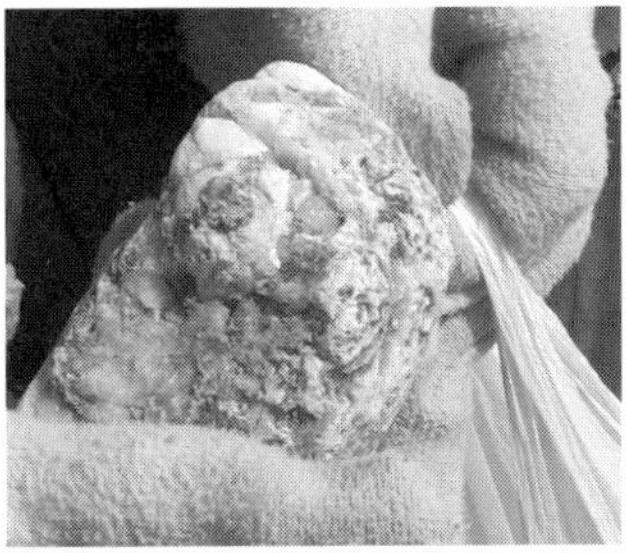
水晶のある石

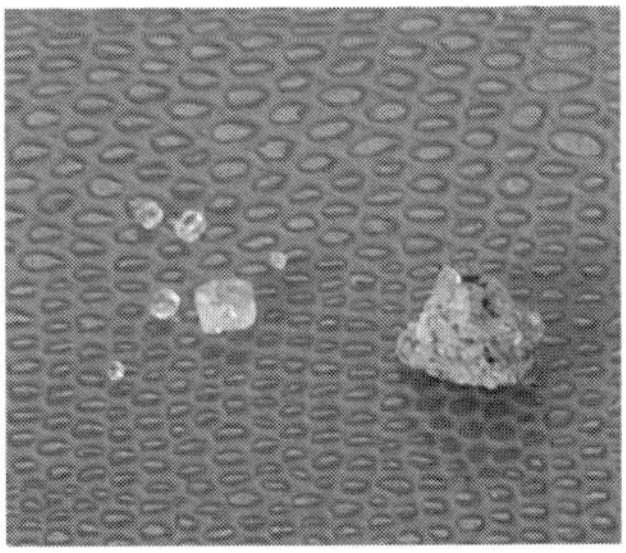
石英結晶（左）

もう終わろうという頃、講師が土の塊の近くにしゃがみこみ、何かを探していた。部屋に戻り、まとめがはじまると、講師がいきなり、「いいのがとれた」という。「土たん」という土の固まりになっているところがときどきあったが、その中から「高温石英の結晶」がとれたという。手帳にのせて回覧されたその石は2ミリくらいの小さな結晶だ。透明できれいだった。講師曰く、「ダイヤよりきれいでしょう。こういうのがとれるのが多摩川の特徴です」。上流に行けば砂金もとれるとか。驚きとともに、鉱物も魅力的でおもしろそうと心を奪われた。

（3）奥深い自然を知る

講習会では新しい体験ができて、初めての出会いがあった。受講前は上流に比べてあまり関心のなかった中流の福生付近でも、驚くような体験ができた。街の近くにこんなにも素晴らしい自然があるとは思っていなかった。

魚は多くの種類が棲んでいて、環境庁レッドリストで絶滅危惧種のギバチやホトケドジョウもいた。バッタの種類も多く、県によっては絶滅危惧種に指定されている青い羽根のカワラバッタにも出会えた。そして、石を探せば水晶や石英の結晶も見つかった。それぞれに、追究するとさらに奥の深い世界があるのだろう。

この講習会で多摩川の自然について学んだことがたくさんあったが、まだまだ知らないことだらけだ。私だけでなく、世の中にも知られていない。自然は森羅万象といわれるように多様で複雑な世界だ。自然の偉大さに比べれば、自分が理解している世界はほんの一部でしかないことを思い知らされた。結局、「とても『多摩川の達人』にはなれない」ということがよくわかった。

36. 福生南公園で出会った「自然を楽しむ釣り人」

(1) 福生南公園で出会った釣り人の話

羽村付近から平野部の流れになった多摩川は、拝島付近で中流域の最大支流、秋川と合流する。この合流点付近は、広くなった河原が原野のようで、いくつかの沼もあり、散策には格好の場所だ。

2006年のこと、秋川合流点付近の北側を散策しようと福生南公園付近に行った。河川敷の公園としては便利で整備されている。駐車場のすぐ下が河原だ。川を見ると、瀬の真ん中を1人の釣り人が魚かごをさげてこちらに歩いてくる。紺の厚手のシャツを着た年配の方で、日焼けした顔、黒くて太い手の指がこの地の自然に溶け込んでいるという感じだ。岸に着いたところに近づき、

「釣れましたか」と話しかける。ちょっとした会話のつもりだったが、次から次へと話がはずんだ。

「たくさん釣れたが逃がしたよ」

「何が釣れるんですか?」

「いろいろだ。ハヤ、オイカワ、コイ、フナ、ナマズ、ウナギ……」

「えっ、ナマズやウナギも釣れるんですか? エサはなんですか?」

「最初にハヤを釣って、それをエサにする」

「えっ!」

意外な話が飛び出してくる。

「この辺は水がきれいになって魚が多い。ウナギは穴にいることが多い。小魚をエサにして穴に入れると、いれば食いついてくる。(橋の下を指差し)あそこのテトラポットの間によくいる。(対岸を指差し)あそこには、タヌキ、イタチがいる」

「えっ、タヌキはよく聞くけど、イタチもいるんですか?」

「あー、夜になると水辺に来て魚をとっている。マスも釣れる」

福生南公園前の多摩川を渡る釣り人

「えっ、マスも釣れるんですか？　ニジマスですか？」

「ニジマスも、ヤマメもイワナも」

「水が出ると、上から落ちてくる。この前、橋の下で、でかいヤマメを釣った」

「尺くらいですか？」

「いやそんなもんじゃない。4、50センチある。橋の上からも泳いでいるのが見えた」

「カモもとれる。エサの魚に食いついてくる」

「本当ですか？」

「秋川の方には、オヤニラミもいる。大分少なくなったといわれる魚だが、ここにはいる」

「えっ、聞いたことない魚ですね」

「イシダイみたいな魚だ。黒鯛にスジが入ったような感じだ。それと、カニもいる」

「サワガニですか？」

「モクズガニだ。大きいのはこのくらいある（といって、手で幅20センチくらいを示す）。ブツブツがあるカニだ」

「えっ、そんなにあるんですか？　食べるんですか？」

「ゆでて、ミソのところを食べる。毛ガニよりもうまい。夜、浅いところにもいる。目立たないのでわからないが、こちらがサッと立つとサッと動くのが見える」

「アユもいる。下らないでこの辺に残っているのもいる。ハミアトがある」

「夕方から、コイ、ナマズ、ウナギの順に釣れる。コイはでかいのが釣れる。あと1時間くらいすると（16時頃）、この浅いところに集まってきて背びれを出す」

「昔はいなかったカジカガエルもよく鳴いている」

最後に、にこやかに笑って「自然相手の遊びはおもしろいよ」といって去っていった。心底そう思っているようだ。

（2）自分も体験

1週間後、私はまた福生南公園に来ていた。今回は釣りをしようと支度をしてきた。渓流釣りの格好と竿だが、中流用に玉浮きと小型針にした。公園下の深みを見ると魚がたくさんいる。釣り心がうずく。

まず川に入り、対岸に渡る。浅くなり、岸が近づいたとき、何やら水面が動く。よく見ると、ざわつくように小魚が走っている。その群れがすごい。何百匹、何千匹といるようだ。試しに何回か網ですくってみると1匹入った。銀色に輝く2センチくらいの小魚。何かの稚魚だろう。

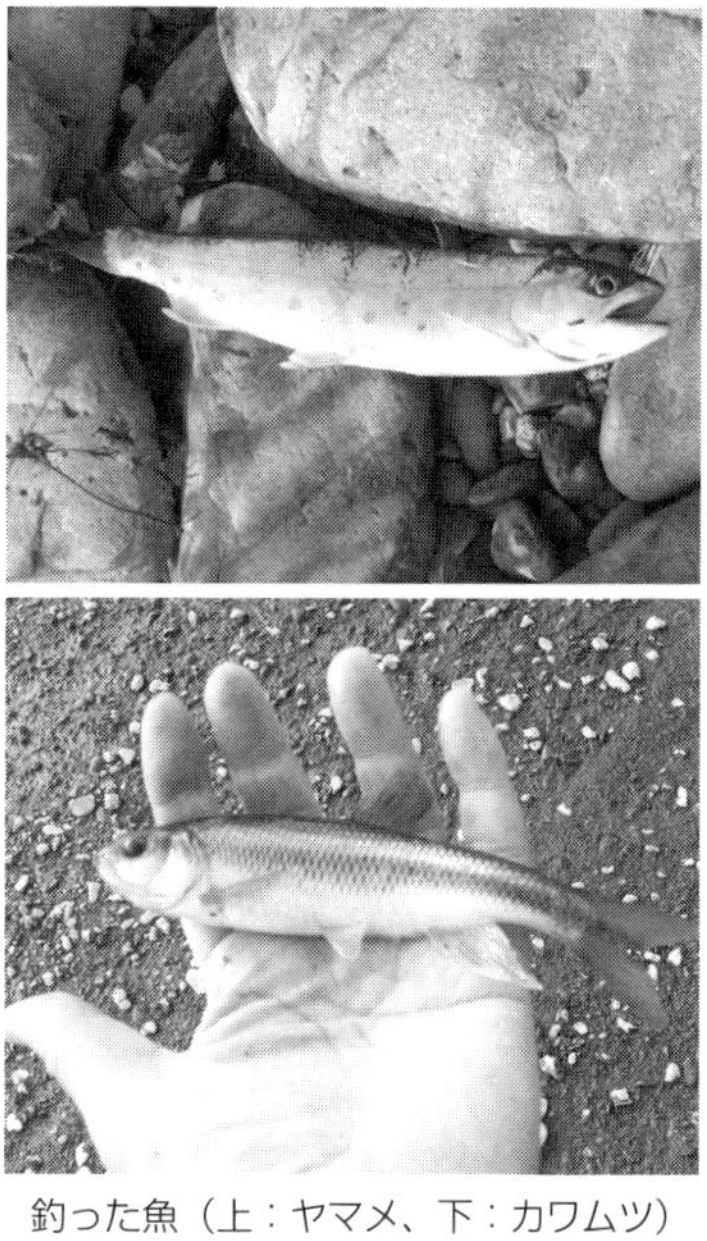

釣った魚（上：ヤマメ、下：カワムツ）

餌は何がいいのかわからず、渓流釣りと同じ川虫にした。石をひっくり返してとる。このとき、なんと、川虫をとるための網にカジカが、そのあとに何かの稚魚が入りびっくり。釣りをする前から魚の多さがわかってしまった。

落ち込みのところで釣りを開始。流心近くを流す。2回、3回と流した頃、浮きが沈んだ。あわせるとググンと引く。いい引きだ。上がった瞬間、銀色が輝き、近くに来てびっくり。「ヤマメだ」。銀色のきれいなヤマメが釣れた。まさかと思っていたことがすぐに現実になった。その後、公園側の深みを狙う。すると、今度は違った魚が釣れた。カワムツのようだ。やはり魚が多い。そのあともヤマメが釣れた。わずか2時間くらいなのにおじさんのいう魚の多さを実感した。ヤマメのような渓流魚は、きれいな水の上流で釣るのが普通だが、中流の街中でも釣れた。

自然相手の遊びは何が起こるかわからない。だからおもしろい。

(3) 忘れられている「自然相手の遊び」

あとでふと思った。こんな街中近くで釣れるのも、豊かな川の自然が残っていることと、釣り人が少ないからだろう。多摩川は、渓流部や下流の有名ポイントを除き、釣りをする人は少ない。特に子どもや若い人は少ない。今の世の中は、ケータイやゲーム機でバーチャルの遊びに夢中になっている人が多い。屋外のレジャーも、ゴルフ場やスキー場のような人工的な場所でするものが人気がある

だけど、何かおかしい。自然相手のおもしろさは、生き物に出会う楽しさ、五感で感じるすがしさ、人間の思考を超えた驚きなどがミックスされている。人工的な物や場所での遊びやレジャーのような、人間のつくったパターンの中で型にはまったことをするのではなく、このおじさんのように、自然の中で、実際に目の前で起こることを楽しむのが本来の人間らしいことだと思う。想定外のことにわくわくする。この釣りのおじさんの「自然相手の遊びはおもしろいよ」という言葉は名言だと思う。

37. 出水で壊れた「福生南公園」

(1) 台風で福生南公園が水没

2007年9月、首都圏を直撃した台風9号の大雨は、短時間で多摩川を大荒れにした。新聞などの報道によると、多摩川は戦後3番目の水位で、もう少しで決壊という状況だったという。インターネットで見たサイトで「多摩川がアマゾン川になった」と書いてあったのが印象的だった。

10月下旬、川の流れは落ち着いただろうと、福生南公園を訪れた。しかし、門が閉まり、「台風9号の影響による福生南公園の水没に伴い、当面の間、南公園グラウンド及びテニスコートは利用できません」との張り紙があって、入れなかった。

(2) 出水についての発表会

2008年3月、永田橋付近の河原で研究している河川生態学術研究会の多摩川グループと市民との合同発表会に参加した。テーマは「出水をめぐって」で、昨年の大雨の影響に関連した発表や意見交換があった。4人が発表し、発表後に国土交通省の方も参加されて総合討論が行なわれた。こういう会は初めてで、「なるほど」と思う話がたくさんあった。

一つは、住民の眼で見た多摩川の変化についてだった。過去には当たり前に見られていたものが、今はなくなってしまい、逆に以前珍しかったものが増えてよく見られるようになっているということだ。例えば、天然のカワラノギクはなくなり、少なかったカワウが増えたという。以前、私はカワラノギクの大群落を見て驚いたが、それは、結局、誰かが種を蒔いたものだったようだ。

また、河原の植生についての発表では、外来植物が多いので、それが増えないように管理が行なわれているとのことだった。出水により地表の植物が流された河原では、逆に眠っていたシードバンク（種子）によって、カワラノギクが生えてくるかもしれないという話もあった。出水によるかく乱で、礫《れき》河原の植生が維持されるというわけだ。

秋川魚協の方が多摩川の魚についての話をしてくれた。例えば、ウナギは海のものを放流している。オイカワは、カワウが一番食べるので、瀕死の状況である。カワムツは、以前はあまりいなかったが、アユと一緒に琵琶湖から持ってきて放流したので増えている。川底の砂が増え、ナマズも多くなった。岡山のオヤニラミはここにはいなかった魚で、マニアが放流したようだ。

この話を聞いて、魚の生態系は、放流の影響がここまであるのかと感じた。この前会ったおじさんのウナギやオヤニラミも、私が釣ったカワムツも、放流によるものだったのかと知り、少しがっかりした。

福生南公園の被害は、下流にある堰の影響で砂利がたまり、川底が上がったことが原因だろうという。国交省の説明では、その対策について砂利の問題は認識しており、将来は、砂利を流すためパタッと倒れる堰に直すことを検討中とのこと。また公園の復旧については、公園と川の間の護岸を壊れる前よりも強くするが、見えないようにブロックを地面に入れる方法にするという。

最後に国交省の方から「我々も技術屋なので、いいことをしていきたい」という挨拶があった。砂利を流す堰や見えないブロックなど、環境を考慮したものを検討していることがわかり、少し安心した。技術が環境を壊すというイメージがあるが、それは技術が未熟なためか、環境を配慮しない人間の使い方がまずいためであり、自然と共生するように技術力で工夫すればいいのだと感じた。

河原に残った木

現れたキジ（メス）

（3）福生南公園付近の河原を歩く

発表会の翌日、福生南公園付近に行ってみた。下流側の水鳥公園から入った。河原は相当荒れはて、ところどころ木が残っていたが、全体的に石がゴロゴロ散在しているという状況だった。残った木の下の方には、流された草などがついている。バイクまで流され、河原に倒れていた。

上流に向かって福生南公園の方に歩いた。福生南公園の地面は特に荒れておらず、数羽のツグミがのんびりしている。地面に流れ出た土砂は片付けられたようで、公園横の河原にそれらしい土が盛ってあった。その土の上からキジが2羽飛び立っていった。

さらに河原を歩いていくと、荒々しく広々としており、どこか遠くの川に来たようにワクワクする。水際に行くとカワセミが「チチチ」と鳴いて、行き来していた。見通しがいいからだろうが、野鳥が以前より多くいるように感じる。流れはきれいに澄んでいて、水中の石に藻がつき、前と変わらない。むしろ、川全体はすっきりしたのではないかとも感じる。土地がかく乱されて、喜ぶ生き物もいることだろう。

公園の壊れている付近を見ると、自動車用道路のアスファルトが崩れ落ちている。出水のとき強い流れが道路の下にぶつかり、えぐったようだ。その道路以外は遊具も残っており、流れてきたものもとり除かれ、大きな被害があったようには見えない。川は、流れ込む方向が変わった。それでも、出水前よりも自然なサラサラとした感じの流れとなったようで、きれいだった。

壊れた公園の道

帰りがけに、福生南公園の上流側の睦橋から川と公園を眺めた。橋の上からの眺めはさっぱりと洗われた河原で、雄大に見える。水の流れによる曲線がきれいだ。その雄大さに比べ、公園の壊れた箇所は小さかった。「大自然は、このくらいの変化はするもの」、と語っているようだ。

（4）川の水害に思う

昔、渓流釣りでよく行った大好きな山梨県の渓流が、出水で石だらけの川になったことを思い出した。本当にショックだったが、数年後に行ってみたら、以前と変わりない緑が多い美しい渓流に戻っていた。「川の姿は、自然に再生するものだな」と感心した覚えがある。今回も、こんなに荒れた河原にも新しい植物が根をおろし、どこからか動物がやってきて、自己復元するだろう。その力があることが自然の素晴らしさなのだ。

難しい問題は自然と人間の関係だ。生態系と川の形態に人間が大きく影響している。生態系については、草も木も魚も、外来種の影響や人間の故意の移植、放流によって勢力分布が変わってきている。そのせいで絶滅しかけているものもある。

私は野生の自然が大好きなのだが、都会生活をしている現実を考えると、東京近くではこの現状を受け入れて楽しむのも悪くはない。この前の釣りのおじさんの楽しみ方を思い出して、思うようになった。自然環境がなくなるよりはいいに違いない。しかし、このままでいいかどうかは疑問だ。より悪くならないためには、世の中にこのような問題がもっと知られなくてはならないだろう。

川の流れと水害も人間がつくった構造物が影響してい

出水後の河原

緑が戻った4年後の河原

る。今回は、堰により流れてきた砂がたまり、水面が上がったのが原因で福生南公園が壊れたらしい。一方では人間のつくった川沿いの堤防があったから川が氾濫せずにすんだ。これも、人工物が悪いわけではなく技術によって自然環境への配慮を重視し、人間を守るモノをつくるという共生の考え方が重要と考える。

(5) その後

台風から4年後の2011年夏、久しぶりに行ってみた。思ったとおり河原には緑が戻っていた。水流は少し流れる位置が変わっていたが、何もなかったように緩やかに流れている。

公園もきれいに修復されている。真夏の暑い日だったので、河原ではバーベキューや水遊びをしている人が多い。なかには泳いでいる人もいた。確かに水はきれいで透き通っていて気持ちよさそうだ。「自然と人間が共生しているなあ」と思えた瞬間だ。

38.「あきしま水辺の楽校」付近の自然地帯

(1) あきしま水辺の楽校をみつける

２００４年に羽村からサイクリングロードを自転車で下ったとき、八高線の鉄橋がもうすぐという場所で河原に木道があるところをみつけ、「なんだろう」と思った。近づいてみると、水が沼のように溜まっていて、湿原地帯にあるような木道がその上を渡っている。自然味があり、なかなかいい雰囲気で、子どもが水遊びをすると喜びそうな水辺だ。「あきしま水辺の楽校」という場所で、「子どもも大人も多摩川の自然の中で、遊び、学び、癒される場とします」と書いた看板が立っていた。

その後、バードウォッチングなど自然観察をしにこの付近に来るようになった。そのつど様々な出会いがあったが、驚いたのは、２００８年3月に行ったときだ。この日は短時間の間にとてもたくさんの野鳥に出会った。まず川沿いの土手を下流の運動場から行くと、土手下にツグミが歩き、数匹のホオジロが地面をついばんでいる。土手からおりた日野堰の辺りでは、「チッ」と鳴きながらカワセミが飛んできて近くの岸にとまる。こんな近くに来るなんて珍しい。さらに進むとアオジがいる。ワンドの沼まで行くと、今度はタヒバリとジョウビタキが現れる。ジョウビタキはメスで、沼の周りの低木を飛び回り、すぐ近くにも来てくれる。ウグイス色の肌で、眼がクリッとしている。ジョウビタキはメスのほうが眼が目立ちかわいいと感じる。

近くにコイ釣りに来ていた人がいたので話しかけた。すると「先月、上流の拝島橋の上でヒレンジャクが出た。大勢の人が見に来た。あそこ（対岸）にはオオタカがよく来る。この池にはオオバンがいる。巣があるようだ。カワセミもよく出る。以前、コクチョウが来たことがある」と鳥の話をしてくれた。

沼の奥の上流側に踏み跡があったので、そこを歩いていく途中、スズメに似ている茶色の鳥をみつけた。何か

あきしま水辺の楽校のワンド

ジョウビタキ（メス）

アリスイ

と思って調べるとセッカだった。冬に見るのは珍しい。

さらに奥の方に行くとまた沼があり、ジョウビタキが低木の枝を動き回り、ときどき飛んで虫をとろうとしている。フライイングキャッチだ。ホバリングもする。沼にはオオバンがゆうゆうと泳いでいる。しばらくそれらを見ていたら、突然、見たことのない鳥が枝にとまる。茶と白と黒の斑、眼に線がある。「あっ、アリスイか?」と目を見張る。地上におり、何かを探している。冬でもアリがいるのだろうか。珍しい鳥を見た。付近でシジュウカラやアオジ、モズも顔を出し、カワセミも木にとまった。これだけ多くの野鳥を見て、しかも珍しいアリスイも出るとは、信じられないような野鳥あふれる光景だった。その後は台風の被害のためか木道はなくなったが、草木がうっそうと茂り、入り組んだ沼も残っていた。

(2) 対岸の河原もおもしろい

八王子市のホームページを見ていたら、八王子八十八景として、「平町周辺の多摩川沿いに広がる美しい緑地」が紹介されていた。あきしま水辺の楽校の反対側だ。「美しい緑地」がどんなところかと思い、２００６年の秋に行ってみた。

八王子のインターチェンジからそれほどかからずに到着。土手に上ると、広い川の真ん中に島があり、手前がワンドのような三日月の流れになっている。両岸の緑とワンドの水景が調和し、なかなかの絶景だ。上流側に土手を歩いていくと、少し高い場所に出て河原が俯瞰できる。様々な草木に覆われ、結構ワイルドだ。そんな中、男性が何かを拾っている。オニグルミの実のようだ。少し戻り、その河原におりてみる。道は踏み跡程度となり、草が多い。オニグルミの殻がたくさんある。オニグルミはいわゆるクルミで、多摩川の河原にはたくさんある。その実を食べる人もいる。

途中、細く入り江のように水が入り込んでいるところに来る。水中には小魚がたくさん泳いでいる。視界の中だけでも何百匹といるのではないかと驚くほどの数。この広いワンドにはとんでもない数の魚がいるのではないかと想像する。

入り江には、浅いところでも10センチくらいの魚がいる。その入り江を渡り、上流に向かうと草を踏みつけたような道で、高い草をくぐるような箇所もある。結構ワイルドだ。その川沿いの道は途中で

日野堰上のワンド

行き止まりになり、少し戻ると、陸側への道がある。その道はずんずんと奥まで続き、うっそうとしている。ツグミくらいの大きさの鳥が飛び出し、コゲラもジージーと鳴く。

丘の下に来ると、丘に沿う道に出て、上流側にしばらく歩くと柵があり、舗装道路に出る。近くには清掃センターの煙突がある。そこには車が何台も止まっていて、なんと、軍隊の格好をした人が10人くらいいる。何か物騒な雰囲気。これからサバイバルゲームをするのだろうか。林の中に入っていく。グループに分かれての戦いをするようだ。せっかくのワイルドな場所なのに、このような遊びに使われるのかと、少し残念。まあ、これも適当な場所がない東京ではやむをえないのか。

帰りは違う踏み跡を戻る。途中、アオゲラではないかと思われる「ケッ、ケッ」という声も聞こえた。途中から丘沿いの道に出て下流側に戻ると、小さな水流があり、そこにも10センチくらいの小魚が群れをなしていた。その後、小道を回り、入り江の橋に出て最初の土手に戻った。「水と緑の景色が素晴らしく、歩けばワイルドさもある。おもしろいところを見つけた」と爽快な気分で帰路についた。

オオバン

(3) ちょっと野鳥観察で娘も喜ぶ

冬のある日、高校に通う娘の用事で八王子に行った。その帰りに、妻と娘をこの日野堰上に案内した。土手に上って眺めると、ワンドの流れの向こうに島が見える。ワンドにはカモ類のほか、オオバンが泳ぎ、島では、アオサギ、ジョウビタキとモズなどがわずかの間に姿を見せる。フィールドスコープで見せてあげると、「かわいい〜」。こんなところで野鳥を楽しめるんだ」といって喜んでいた。ふだんは自然観察に興味を見せない娘が感動したのには、こちらもうれしくなった。

周囲は都会の街並み。家やビルだらけ。立川にも近い。そんな中でも多摩川のこの辺りは自然が残る河原。複雑に入り組んだワンドがあり、多種の魚や野鳥がいる。野性味が残る多摩川の素晴らしさを感じる場所だ。

39. 地球の歴史を感じた「牛群地形」

（1）化石の出るくじら運動公園にて

多摩川のガイドブックで「牛群地形」という河原を知り、面白そうと思った。ＪＲ八高線の鉄橋の下流側にあるというので、数年前に訪れた。

牛群地形とは、牛の背中のような土の出っ張りが川の中に列になって並ぶ光景だ。また、この付近は１６０万年前のクジラの化石が出たところでもある。それにちなんで、近くの公園の名前も「くじら運動公園」となっている。この場所がどんなものかと見ながら、息子と魚とりでもしようとやってきた。

八高線の鉄橋の下、左岸の河原はもっこりと山脈のように列をなして土が盛り上がっていておもしろい。牛群地形だ。その間に流れる水には小魚がたくさんいる。釣り人も点々といる。堰堤の上にはバーベキューをしている人もいて、この辺りはアウトドアの遊び場になっている。

我々は川に入り、網で魚をとろうとしたが全然とれないでいた。そんなとき、岸でハンマーとドライバーで土をたたいている親子が目に入った。何をしているのかと思って聞いてみると、「化石とり」だった。小学校でここは化石が出ると聞いたそうだ。

家へ帰ってインターネットで多摩川の化石について検索してみた。すると、たくさんのページがヒットした。多摩川では化石がよく出るようだ。驚いたことは、足元にあった何でもない穴が、

八高線付近の河原

実は、「生痕化石」という化石だったのだ。足跡や巣の跡など、生物が生活していた痕の化石で、これはカニやアナジャコが掘った穴の化石らしい。

八高線の鉄橋の下で発見されたクジラの化石は、アキシマクジラと名付けられ、科学博物館に保存されているという。また、少し上流の拝島水道橋の付近では、アケボノゾウという象の足跡の化石が出た。170万年前のものだ。ということは、その頃はそこは陸、クジラが出たところは海なので、この辺りが海岸線だった。海だった下流では、二枚貝や巻貝など貝の化石がよくみつかるらしい。東京の都市部や多摩東部は海の中だったわけだ。

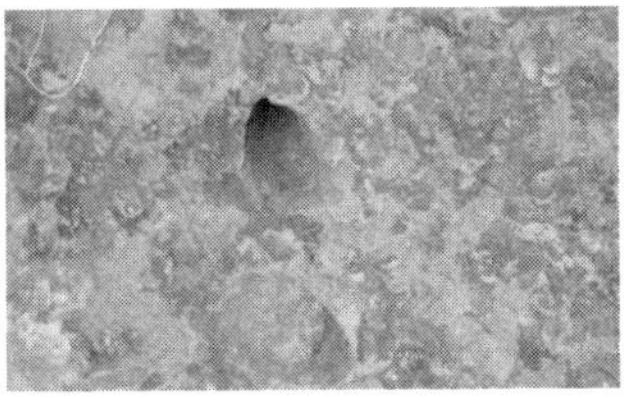
足元の穴は生痕化石

地学に興味も知識もなかった私だが、東京の鉱物について調べてみた。すると、多摩川流域のことが出ていて、上流の五日市付近や下流の登戸付近が化石産地と紹介されている。私は、化石を探しに五日市や登戸に行き、実際に化石を発見した。化石との出会いは地球の長い歴史を実感し、考古学者にでもなったような気分にさせてくれた。

(2) 牛群地形を巡る

対岸にも牛群地形がある。右岸の土手を日野堰付近から歩き、八高線鉄橋をくぐると下流側に牛群地形が広がる。川の真ん中に島があるので、左岸とは別のものだ。堰堤の下の水流に土の出っ張りがまとまって並んでいる。河原におり、牛群地形の近くを歩く。土の上は化石らしきものは見当たらなかったが、いろんな跡はある。ここも化石が出てもおかしくないようだ。

さらに下流側はうっそうとした草木の河原になる。土手の右には、東京都下水道局の処理場があり、、少し下流には多摩大橋が見える。

多摩大橋より下流にある牛群地形についても右岸から見た。橋下流の小さな公園から土手に出てしばらく歩く。河原は、「生態系保持空間」になっている。下水処理場の排水路の横に踏み跡があるので、そこから河原に向かう。おりたところに、「ここに人体の一部（頭部）の遺体が見つかった……」との看板がある。なんとも恐ろしいことと思うが、草木に覆われた広い河原なのであってもおかしくない。

下水処理場の出水路からは勢いよく水が出ているが、少し泡があり、微臭がする。多摩川の水質はここで少し悪くなるのではと思う。草の河原を抜け、川岸に出る。岩のように硬い土だ。上流に先ほどの排水が流れ込んでいる。下流に行くにしたがってもっこり突き出た土の塊が近づいてくる。牛群地形だ。陽を浴びて凸凹があざやかに見え、迫力がある景色だ。

河原もでこぼこしていて、背景に自然に生えた草木がみえる。なかなかの野生的な風景だ。ここだけを見れば地面と植物のみの大自然。広々とした何もない河原は東京では珍しい。地球の表面が顔を出したようだ。対照的に、対岸の土手の向こうは家が立ち並び、コンクリートで地面すら見えない。

下流のほうに少し歩くと、遠くに、鉄橋が見える。そこを、特急列車が通った。中央線だ。ここから下流は自然空間が少なくなり、都市の川となる。下水が入り込んで水質が落ち、河原は運動場などに開発されて自然がなくなっている。この牛群地形のある河原付近が、申し訳

牛群地形

なさそうに自然のままの姿を表している。

(3) 地層について

この牛群地形は、160万年前の化石が出ることから、その頃に海底に積もった地層である。上総層群という。川によって表面の土砂が流され、古く硬い地層が表に出ている。川以外の場所は堆積物がこの層の上に重なっている。それは大昔からの地形の変化による。100万年前まではこの辺りは海底だったが、さらにそれ以前は、何度か陸と海を繰り返したとのこと。温暖になると氷が解けて海になり、氷河期になると海水が凍って陸になった。その変化で、そのつど川の流れる場所が変わり、水の力で地形がつくられた。また、富士山や箱根の噴火による堆積もあった。そういった様々な堆積が、この地層の上に重なって東京の地面となった。このように、大昔から大地が大きく変化してきたが、都会に住んでいると、地面はコンクリートで隠され、不動のもののように思わされてしまう。しかし、地球の長い歴史では、これは一時的な形だ。これからも地殻変動や温暖化で海の底になることもありうる。

地球が顔を出したような河原

40．都市を貫くグリーンベルト「玉川上水」

（1）玉川上水

首都圏西部を貫く玉川上水は、羽村の堰から流れている。人口が増えて飲料水不足に悩んでいた江戸時代の1653年に掘られたものだ。この玉川上水の完成によって流れた多摩川の水が、その後の江戸、そして東京の発展を支えた。

今は、この多摩川からの水は途中の小平監視所で分かれる水路で東村山浄水場に送られ、飲料水になっている。小平監視所の下流の玉川上水は、下水道の処理水が流れ、小平や小金井、三鷹、武蔵野といった住宅街を通り、高井戸付近で神田川に流れ込む。人工的な水路なので直線的であるが、水路の両側に人が入らないように柵があり、その中にいろいろな植物が育ち、様々な動物が棲み、また立ち寄っている。

（2）玉川上水の思い出

私は、玉川上水の流れる三鷹で育った。小学校の頃、この付近の玉川上水は、水はあったが流れはなかったと記憶している。そして、水際におりて釣りをした。フナか何かの小魚が釣れて、うれしくなって持ち帰った。こういう子どもの頃の体験は、40年を過ぎても覚えている。その後、水は完全になくなり、役割を終えた水路は放っておかれたようだ。

二十数年前、私は小金井公園付近の玉川上水に近い家に住むことになった。しばらく経って、玉川上水に水が復活したとのニュースを聞いた。その頃から毎週のように休日になると玉川上水沿いをランニングで通って、走りながら花や野鳥や蝶などいろんな生き物に出会った。野鳥は、シジュウカラやメジロ、カワセミやゴイサギも。花は、春のムラサキハナナが見事で、ニリンソウやホウチャクソウも咲いていた。蝶については、ある日わずかの区間で、アカタテハ、クロアゲハ、ツマグロヒョウモン、コミスジなど9種類に出会った。一つひとつは珍しいものではないが、住宅街の中、自宅近くで生き物に出会えるのは本当に心が和む。

（3）玉川上水の上流から下流

小金井公園付近だけでなく、何箇所か玉川上水沿いを散策している。羽村で多摩川から分かれた水は、ほぼまっすぐな水路を豊かに流れる。周囲をほとんど緑が囲んでいる。拝島駅近くには水喰土公園と日光橋公園があり、コナラなどの雑木林となっている。バードサンクチュアリもあり野鳥も多い。私が行ったときはかわいいタマゴダケなど何種類ものキノコが生えていて印象的だった。上水沿いにはこのような雑木林の公園がいくつもある。

西武線と多摩モノレールが交差するところに玉川上水駅がある。玉川上水は駅前を流れる。近くには小平監視所がある。羽村の堰から開渠《かいきょ》で流れてきた水は、ここで地下に潜り、暗渠《あんきょ》となって東村山浄水場にいく。この小平監視所のすぐ下に水を流す設備があり、そこから下流には下水処理水が流れている。下水処理水といっても多摩川上流の下水処理場のもので、元の水は多摩川の水が多いだろう。この水でここから下流も水流が復活した。

この設備のある場所は、水際におりることができる。底の部分に歩道があり、左岸の大石を積み上げている場所から水が出ている。よく見ると、底に鉄格子があり、そこからも水が出ているらしくゆらゆらしている。その格子の上に10センチ前後の小魚がたくさん集まっていた。玉川上水には放流した大きな鯉が点々といるが、小魚は見たことはなかった。下水でもきちんと浄

水際から見る玉川上水

化しているので自然繁殖しているようだ。

下流側の景色を見ると、高い樹木の下、茶色い土の壁があり、その下をまっすぐな流れが続いている。土の壁から突き出ている大木もあり、その根もよく見える。土が露出していれば、壁のようでも木は育つと実感する。

玉川上水の散策路としてよく紹介されているのは鷹の台付近である。この付近は「小平グリーンロード」と呼ばれており、玉川上水の小平監視所下から小金井公園までと野火止用水、狭山・境緑道を合わせて21キロが市民の水と緑の散歩道として親しまれている。私も観察会で何回か玉川上水駅から鷹の台駅までを散策した。上水沿いの土の道幅は広く、コナラ、クヌギ、イヌシデなどの多様な木からなる雑木林の緑に囲まれ、落ち着く場所だ。秋にはムラサキシキブやマユミなどがたくさんの実をつけるので、それを見るのも楽しい。

復活した水（下水道処理水が流れる）

小金井公園付近は、江戸時代の終わり頃から「名勝小金井」といわれ、名所になっていた。その当時の写真を見ると、水際に木はなく開放的で、少し外側にサクラ並木があり、近くには観光客相手と思われる飲食店などのお店が並んでいた。

その下流、三鷹駅の下で中央線をくぐり、太宰治が投身したむらさき橋付近を過ぎると、東京でも有数の繁華街の吉祥寺駅近くにある井の頭公園の横を流れる。その公園端にある万助橋から下流に歩いた。そこから上流を見ると、道のそばを一直線に高い木の緑が続いている。下流に向かって玉川上水とグランドの間の小道を歩くと、緑に覆われていてまさに街中のオアシスだ。カメラを持って座っている二人連れに「野鳥ですか？」と話しかけると、「キビタキを待っている」という。その人の話では、ツツドリやオオルリも出て、サンコウチョウも小鳥の森の奥にいるらしい。ここは、繁華街近くとしては信じられないくらい珍しい野鳥が出る。途中、カワセミの声も聞こえた。野鳥に限らず上水沿いには樹種も多い。ケヤキ、コナラ、クヌギなど武蔵野の雑木林を代表する木が目立つが、エゴノキ、イヌシデ、イロハモミ

雑木に囲まれた玉川上水沿いの散策路（小平市）

宅街の中をグリーンベルトは続いている。

ジ、ミズキ他、多くの種類がある。ここからの下流も住

（4）グリーンベルトに思うこと

街の中を流れる玉川上水の川幅は5～10メートルと狭いが、道沿いの柵までの何メートルかの間は土が残る。人工物と隔離された自然のままの世界で、生き物も豊かだ。直線的でも、いわゆる3面コンクリートと呼ばれる底と側面を固めた水路とはわけが違う。東京都の管理地のせいか開発から逃れ、緑が約30キロとライン状に長く続く。

野鳥や蝶も木々や緑を伝って移動するものが多い。井の頭公園付近ではタヌキやハクビシンも出るらしいが、ここを移動しているのだろう。周りが住宅や道路の無機質な世界でも、細くても長く続く緑があれば様々な生き物が生きていけるというわけだ。まさに都会を貫く命のグリーンベルトだ。逆に、大自然の森を横切る舗装道路はどうだろうか。その幅は狭くとも、ライン状に続くと、生き物にはとても迷惑だろう。

この水流を復活させたのは、地元住民の強い要望だった。もし、水の流れがなかったら違った土地利用をされていたと思うと恐ろしい。自然復活のよい事例だ。小平監視所には清流復活の碑があるが、それには当時の都知事の名前があった。「いいことをしてくれた」と思う。自然破壊の工事も当然たくさんしているのだろうから、たまには自然復活の工事もすべきだ。この事例を知って、これからの時代、環境保全のため、自然破壊の工事をするときはそれと引替えに自然復活の工事もするように義務づける法律を定めればいいと頭に浮かんだ。

（5）小金井桜復活と雑木伐採

　地域住民の力で水流が復活し、都会の中で貴重なグリーンベルトを維持している玉川上水。私は、その後も継続して小金井公園正門前付近を毎週のように走っていた。ところが、２０１０年の暮、思わぬ光景を見て唖然とした。小金井公園正門から東側１５０メートルの間に生えていた木々がきれいに伐採されている。わずかに小さい木が残っているが、他の区間に比べると皆伐のようなものだ。「これはどういうことなのか」と思った。なんでもない林だけど、都会には少ない様々な木がある林が、一瞬のうちに消えてしまった。

　答えはすぐわかった。近くにいくつかの看板がつけてあり、そのうちの一つに「名勝小金井（サクラ）の復活を目指して」とある。昔のサクラ並木に戻そうと、今ある木々を伐採し、新たにサクラを植えるらしい。小金井市と東京都水道局の共同事業で、その先行区間として伐採された。

　看板に、大正13年の玉川上水小金井橋付近のサクラ並木の絵はがきがのっていた。名所として多くの観光客が訪れている当時の写真である。そして、「事業の目的」の説明には、名所として知られた名勝小金井（サクラ）の樹勢が著しく衰え、このままだと数年後に消滅してしまう危機的状況に

住宅街に続くグリーンベルト（吉祥寺付近）

あると書いてある。こうした現状を踏まえ、東京都水道局が平成21年8月に「史跡玉川上水整備活用計画」を策定し、名勝小金井（サクラ）の並木の保存を掲げて、今年度から具体的な整備・活用としていくとあり、さらに、「この計画を受け、小金井市は、地域が誇る文化的資産であるサクラ並木を再生し、再び名勝と呼ばれるに相応しい景観を復活させるため、東京都・関係自治体・市民団体・専門家など多くの人々と連携・協働して名勝景観の復活事業に取り組んでまいります。平成22年3月小金井市」とある。段階的に進め、最終的には6キロに渡るサクラ並木にするらしい。

まず憤りを感じたのは、近所に住み、ここの自然を楽しんでいる人に、どうしてこの計画が事前に知らされなかったかということだ。調べてみると、都と市で説明会を開催したなど、確かに形のうえではしていたようだ。しかし、それが近所の人にわかりやすく知らされておらず、事後に現地の看板で知らせるというのはどういうことかと感じた。市報やホームページに案内が出ていたらしく、それを知らなかった方が悪いという論理のようだ。仕事勤めなどの忙しい人には気がつかないうちに事

サクラ並木を目指し伐採されたモデル区間

実づくりがなされ、物事が進んでしまっている。

この伐採を気づいたのは私だけでなく、自然活動をしている知人の何人かが問題視し、連絡が流れた。そして急遽12月下旬に自然団体の観察会が行われた。

まず、雑木林としていい雰囲気が保たれている小平市の上水沿いを歩いた。この区間もシュロやアオキなどが伐採されているが、これは、雑木林を維持するために必要な伐採である。コナラ、クヌギはじめ多様な木からなる雑木林の下、ときどき野鳥も現われ、癒される雰囲気を楽しんだ。しかし、小金井公園近くの伐採された区間に来ると、ほとんどの樹が伐られていて、見通しがよくなっている。「伐り過ぎだ」、「桜だけが木ではない」と嘆く声が聞かれた。

その後、私は、この問題について関係機関に問い合わせるなどして調べてみた。すると、この玉川上水は史蹟として登録されており、文化財として以前のサクラ並木に戻すという。環境より文化財を優先しているわけだ。そして、サクラ並木を推進する市民団体もある。環境を守ろうとする市民団体もいれば、文化財を復活しようとする市民団体もいる。どちらも悪いことではないが競合してしまった。

小金井市に、生物多様性に配慮し、ヤマザクラと緑が調和するよう多種多様の樹木を連続して残すことを要望すると、「目指している景観は雑木林ではなくサクラ並木と草地」と否定されてしまった。しかし、よく調べていくと、東京都の「史跡玉川上水整備活用計画」には、「良好な雑木林を維持していくことが必要」や「生物多様性への配慮」の文言があり、雑木林や生物多様性の価値を認めている。また、２０１1年9月の東京都水道局の説明資料では、サクラを被圧するケヤキ等の高木は伐るが、それ以外の雑木は伐らず、伐ったケヤキ、クヌギ等も萌芽更新をさせ、萌芽枝を成長させるとのことで、サクラ以外の木を残す表現であった。しかし、雑木の残し方について詳しい説明はなく、具体的にどのような木をどのくらい残し、どう保全していくのかについては明らかではない。本当に雑木はずーっと残るのだろうか、生物多様性は配慮されるのだろうかと疑問に思ってはいるが、自然環境が求められる現在、そうなることを信じている。

この問題に関わり、痛切に感じたことは、自然の仕組

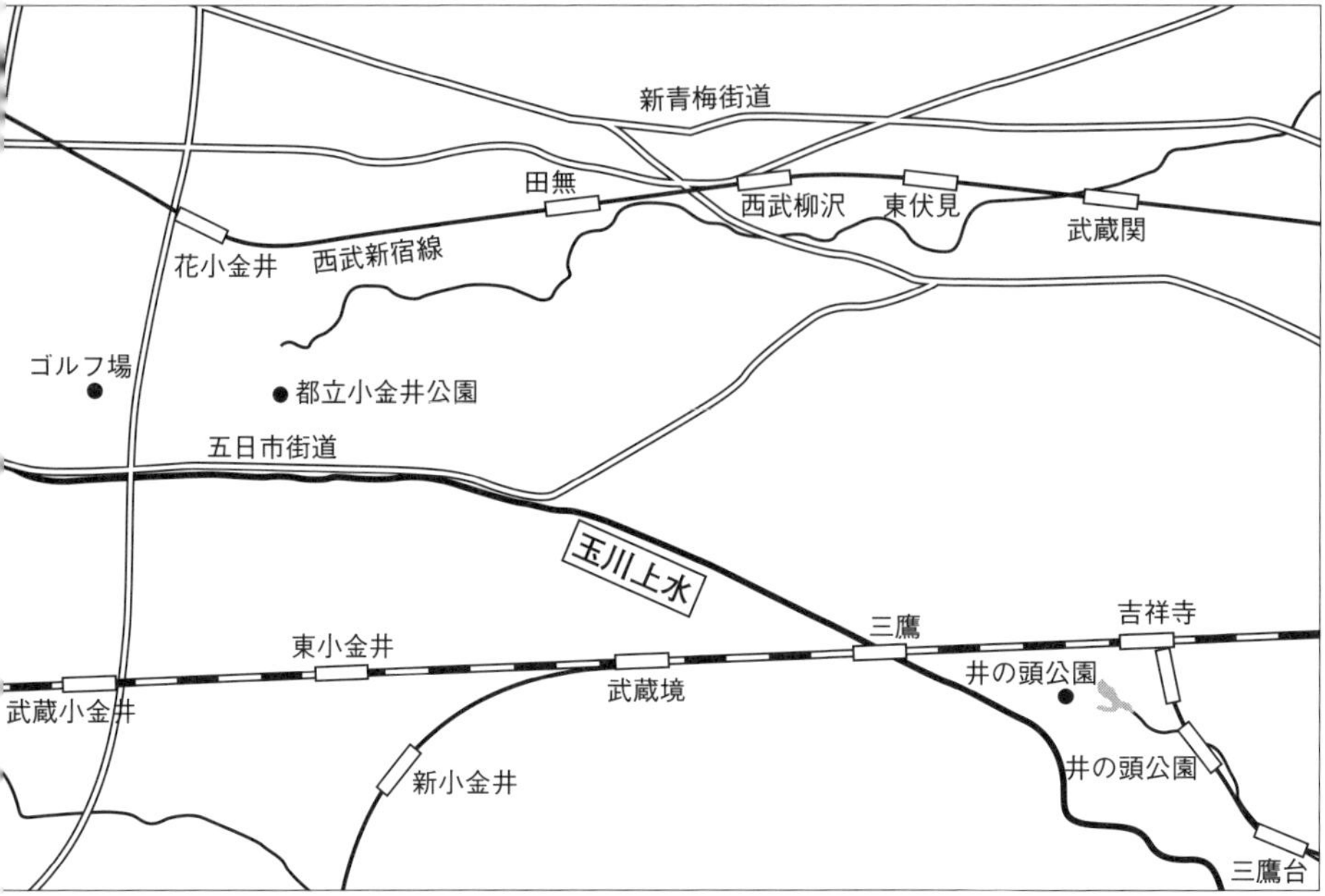

みのこと、そして生物多様性の意義が役所の人にも一般の人にもほとんど知られていないことだ。

東京都の整備活用計画では、さすがに雑木林の維持や生物多様性の配慮という言葉が出てきたが、具体論になると明確な対策はなく、逆行する樹木一種にするという方針を進めているようにみえる。

玉川上水には、サクラ、ケヤキだけでなく、正確な調査はされていないが、玉川上水についてのホームページ（「玉川上水辞典」小平市玉川上水を守る会編）に230種以上の樹木があると掲載されていた。この計画の中で、東京都や小金井市から他の木の名前をほとんど聞かない。

230種の木は、それぞれ違った花を咲かせ、葉や実をつける。サクラ以外にも美しい木がある。エゴノキやツツジなどの花、コナラ、クヌギなどの新緑、イロハモミジやヌルデなどの紅葉、マユミやムラサキシキブなどの実……。それぞれの樹木の花、葉、実などが多種類の生き物を育んでいる。花の蜜を吸う昆虫や野鳥、葉を食べる昆虫、実を食べる野鳥など、木の種類が違えば、違う動物がやってくる。そんな生き物のつながりの中に人

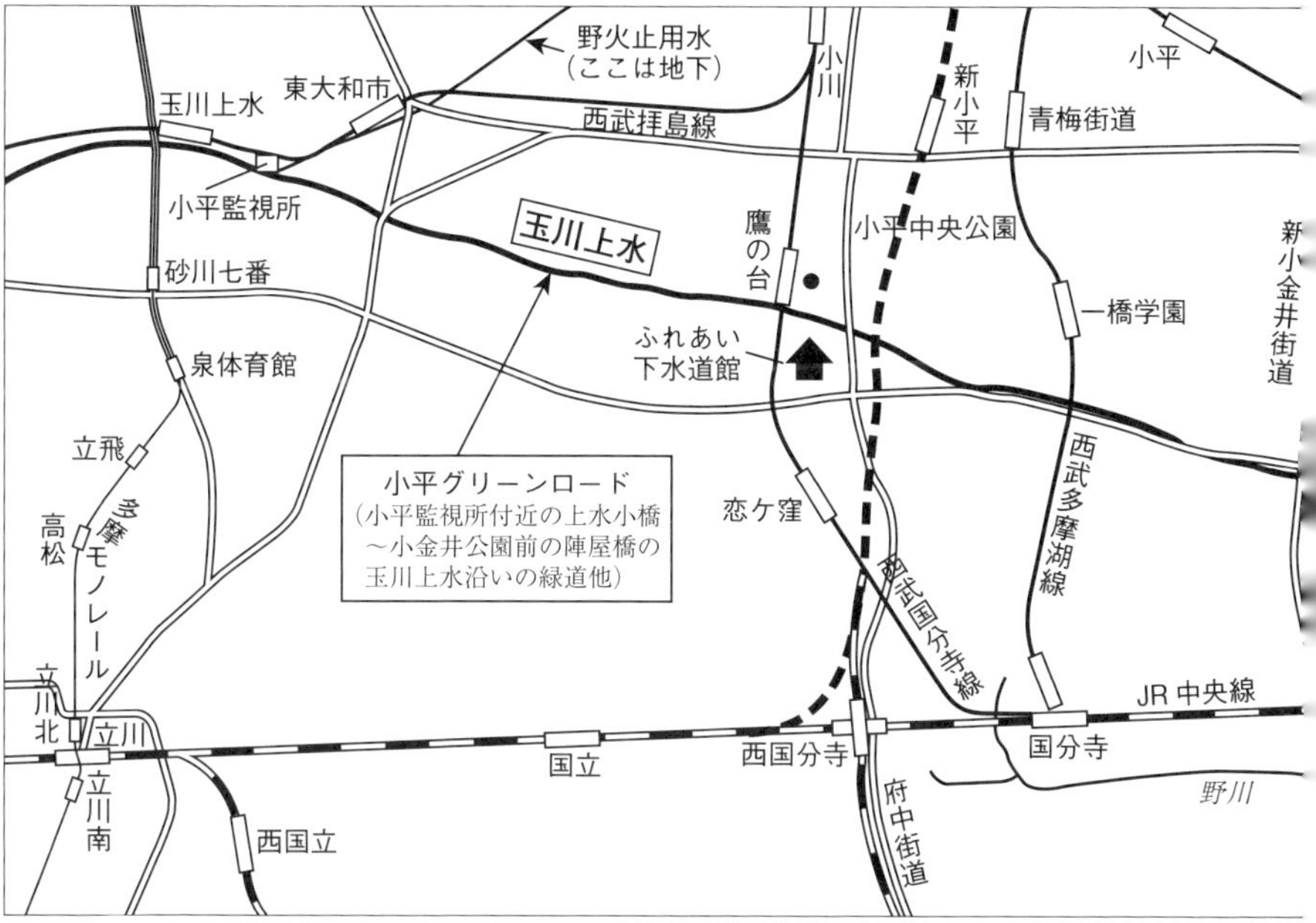

玉川上水（玉川上水駅～吉祥寺付近）

間もいる。この大切なことがあまり知られていないようで、人間社会は、特別な生き物だけを優遇し、自然をつくり変えている。

「あ～、人間社会は、自分たちで勝手な植物の価値観をつくって生き物を減らしているなあ」と思ってしまう。今、世界的に求められている環境は、いろんな生き物がいる生物多様性の世界が維持されること。そのために、様々な生き物を知り、好きになって残す努力をすることが必要と思っている。しかし、現実はとても寂しい。

41. 緑の孤島「狭山丘陵」

(1)「緑の孤島」を知る

狭山丘陵は「緑の孤島」と呼ばれている。市街地の灰色の大海原に、緑がぽっかりと浮かんでいるからだ。奥多摩の山から見ると確かに島のように見える。また、街から狭山丘陵に向かって行くと、緑が岸のよう続いている。

この丘陵には、真ん中に多摩川の水を溜めた貯水池がある。大正から昭和の初め頃、人口が増加する当時の東京の飲料水確保のために、東京市がここに村山貯水池と山口貯水池を建設し、多摩湖と狭山湖ができた。多摩川の羽村と小作の取水堰から導水管で引いた水を溜め、ここから、東村山浄水場、境浄水場、そして給水所を経て各家庭などに送られる。貯水池ができ、前にあった谷戸や民家は湖底に沈んだが、周りの雑木林の丘陵は、東京都水道局の用地として立入禁止区域となった。そのおかげで豊かな森林が保護されることになった。さらに、その周辺は狭山公園、狭山緑地、東大和公園、八国山緑地、野山北・六道山公園、里山民家、いきものふれあいの里、さいたま緑の森博物館など、多くの緑の公園が東西南北と湖を囲むようにできている。

多摩川の水を貯めた狭山湖

(2) 南から西の公園

私が狭山丘陵へよく行くようになったのは、10年以上も前、野鳥が多いと本で知ったのがきっかけで、最初は南側の狭山緑地だった。野鳥観察をはじめたばかりの頃で、そのうっそうとした雰囲気と鳥の気配の多さに驚いた。初めてこの森の中に入り、鳥との出会いを求めてどきどきしながら歩いた。シロハラやアオゲラの奇妙な鳴き声を初めて聞き、探検気分のようだった。キクイタダキにもここで初めて出会った。

　西側の六道山公園や里山民家の付近も度々行くようになった。六道山公園には見晴台があり、そこからの風景は都会離れして一見の価値がある。東側にこんもりとした緑の丘陵が遠くまで広がっている。近くにはサクラも多く、春は花見で賑わう。見事なのは、ヤマザクラと新緑のコントラスト。見晴台のすぐ下にヤマザクラがあり、見下ろすことができる。周りに新緑の雑木林があり、その調和がとても美しい。この見晴台はワシタカの観察でも有名で、秋の渡りシーズンになるとタカの観察をする人で、狭い見晴らし台は一杯になる。

見晴台からの新緑の雑木林とヤマザクラ

　ここから里山民家におりる道もおもしろい。２００６年11月、この道の途中に平地では初めて見るウソがいた。同じ頃に珍しいアカウソがこの周辺に出たという情報があり、もしかしたら、私の見た中にもいたのかもしれない。

　この付近は春の草花も楽しい。タチツボスミレがあちこちに点々と咲き、少し奥に入るとヒトリシズカがひっそりと咲いている。有名なのは野山北公園のカタクリ。桜の頃がちょうど見ごろで、雑木林の斜面に薄紫の可憐な花が一面に咲く光景は、誰もがうっとりする。また、

一面に咲くカタクリ

アマナ

少し離れた展望デッキの近くに「カタクリ沢」という自主保全管理地がある。そこはフェンスで囲まれているが、たまたま開放されており、そこにカタクリやアマナが咲いていた。

(3) さいたま緑の森博物館

これが「東京の近く?」と思ったほど素晴らしい場所がある。狭山湖の北側にある「さいたま緑の森博物館」だ。自然そのものを博物館にしたという。2005年6月に初めて行った。博物館の案内所付近は谷戸になっており、尾根の間に湿地と池がある。尾根も広葉樹の緑に覆われ、ウグイスやホトトギスのさえずりも聞こえる、まさに「緑の森」を楽しめそうな場所だった。その日は、歩き回れなかったが、とても魅力的な場所なので再訪を決めて帰路についた。夏に行ったときは、カッコウのほか、サンコウチョウの声も聞いた。また、キジが「カー、カー」と鳴く姿をここで初めて見た。

昆虫では、ゴイシジジミやクワガタなどに出会った。ゼフィルスも出るらしい。冬もいろんな鳥が来る。特にヒタキ類が多く、他所ではなかなか会えないルリビタキに何度も出会った。水色のオスの姿は、灰色の林で輝く美しさだ。ほかにも珍しいトラツグミに近くで会え、ベニマシコも来ていると聞いた。

キジ（オス）

ゴイシシジミ

ルリビタキ

ここから湖近くの林の中に行くことができる。湖の周囲は二重の柵で囲まれているが、外側の柵の中に人だけ入れる場所がある。中に入ると、雑木林の中、道が続いている。奥の方に行くと小さな沢が流れていて、辺りは東京付近とは思えない静けさだ。案内所の人に聞いたところ、この沢付近にはサンコウチョウやオオルリ、コルリもいるという。自宅からそれほど遠くないところにこんな自然豊かな場所とがあるとは思ってもいなかった。

（4）緑のバリケード「トトロの森」

狭山丘陵の東側は、西武園があったり宅地化されたりと、緑が少なくなっている。そこで行われているのは、トトロのふるさと基金によるトトロの森の活動だ。この狭山丘陵は、映画「となりのトトロ」のモデルとなった場所といわれる。この活動は、映画のような心なごむ風景を開発から守るため、皆でお金を出しあって土地を買いとるというものだ。買った土地はあまり広くはないが雑木林が残っている。小さい土地でも緑が残るとずいぶん違う。そこがバリケードとなって、侵食してくる大規模住宅開発から自然を守っている。

広く見ると、緑の孤島の狭山丘陵全体が灰色の街、東京のバリケードであり、オアシスでもある。たくさんの生き物がその恩恵を受け、その象徴のようにオオタカも棲んでいる。狭山湖の周りの木にオオタカが2羽とまっていたのを見たことがある。生態系の頂点に立つ動物が複数いるということは生き物が豊かな証拠。このような貴重な緑の島を理解する人が増え、緑のオアシスが広がれば環境にもいいのだろうなと思っている。

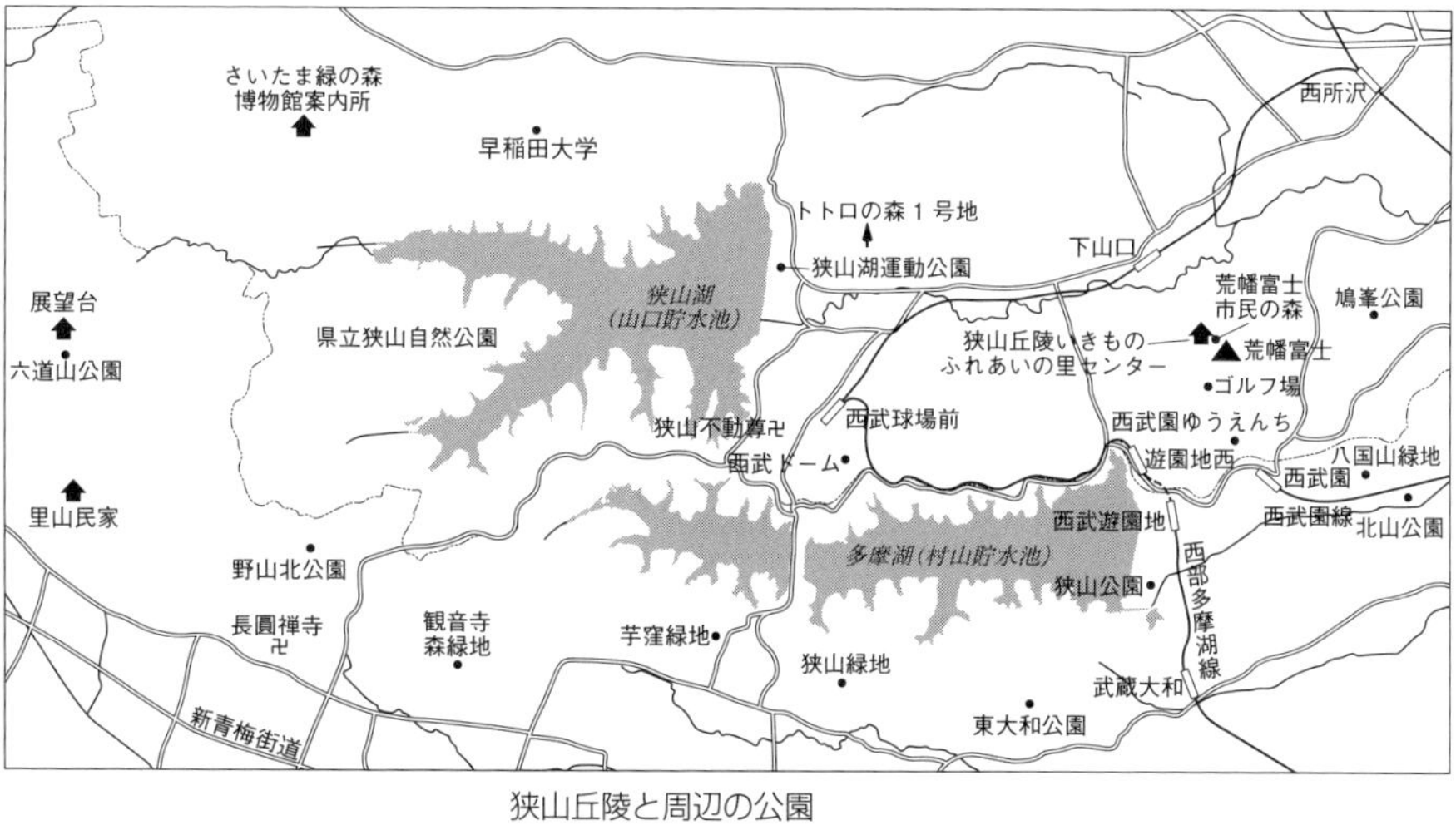

狭山丘陵と周辺の公園

42. 狭山丘陵で知った「雑木林」の現実

(1) 雑木林の観察会

住宅街に浮かぶ緑の孤島「狭山丘陵」はコナラ中心の雑木林が多く、武蔵野の自然が残る代表的な場所だ。珍しい生き物も見られ、夏はサンコウチョウやホトトギス、冬にはルリビタキ、トラツグミなどがやってくる。植物では、カタクリやヒメザゼンソウなどの咲く場所がある。しかし、この狭山丘陵に残る武蔵野の雑木林の歴史は知らなかった。

2010年5月に狭山丘陵での雑木林の観察会に参加した。講師が、最初に武蔵野の雑木林についての話をされた。武蔵野は昔はヤブで、あまり木がなかった。それが、1653年に玉川上水が完成すると一変した。江戸への水供給だけでなく、1655年の野火止用水をはじめに多くの灌漑用の分水ができ、新田が開発された。武蔵野は、火山灰の砂でざらざらした地層のため、家の周りに風や砂を防ぐ常緑のシラカシなどを植えた。ケヤキ、スギ、モウチクソウなども植え、ケヤキは家具や建具に、スギは薪に、モウチクソウは食用に使われた。これが屋敷林で、今でも残っている。さらに、畑と畑の間にも砂を防ぐためにコナラなどで雑木林をつくった。この木も薪や堆肥にと使われた。ほかの草木が生えてこないように下刈りして維持され、また、薪にするために伐っても、萌芽更新で新たな幹が育った。

自然に生えた常緑樹

雑木林に入っていくと、落葉樹だけではなく、アオキ、シュロ、シラカシ、ヒサカキなど常緑樹が雑然と生えている。これらは、自然に生えてきたという。ほかに、外来種のピラカンサ、シャリンバイ、ヨウシュヤマゴボウなどもある。このように、自然に生える常緑樹や外来種が、人が維持してきた林に交錯しているのが現在の姿だ。

雑木林は、ブナ林と同じようにブナ科のコナラやクヌギのほか、エゴノキ、イロハモミジ、イヌシデ、アオハダ、イヌツゲなどいろんな木の構成になっている。つまり多様だということだ。そして、落葉樹だと林床から春植物などいろんな草花が咲く。身近で多様な植生がみられるのが雑木林だ。

萌芽更新しようと伐採した場所があった。そこには、サイハイランが生えてきていた。しかし、クヌギでも大きくなり過ぎて伐ったため、新しい芽が生えてきた株はほとんどなかった。講師の話では、雑木林は伐らないと大きくなりすぎて密林となり、木は衰え、萌芽更新の芽が出なくなる。多様な美しい自然を楽しめる本来の雑木林を維持するためには、下刈りや萌芽更新のための処置をしっかりすべきだ。

しかし、どこでも雑木林として管理すべきかというとそうでもなく、手をつけないで自然の緑にするのも一つの方法だ。この辺では自然に任せているとアオキ、シラカシなどの常緑樹林になるが、人目につかない斜面のような場所は、無理に雑木林の管理をせずに常緑樹林でかまわない。常緑樹林は、見た目は暗いが、手入れせずに自然に緑が保たれる点は優れている。重要なことは、場所に応じてどちらにするかという方針を持つことだ。

この観察会での話を聞いて、確かに方針が重要だと思った。そして、今の都会周辺の林に対して、方針が明確で、さらにその方針にあわせた必要な維持管理がされているのだろうかと疑問に思った。方針が乏しく、行き当たりばったりの管理をしているのが現実ではないか。そのため、放置されて木が大きくなりすぎた雑木林や常緑樹が混在する森などが増えている。

（2）人が選択してきた森

今の林は人の手で植えられたもの、自然に生えたもの、人の手で維持したもの、しないものによって様々な状態がある。日本は森の国で、国土の66パーセントが森林であるが、そのうち、人間がなんらかの形で関わった森は7割くらいある。中には、屋敷林や雑木林も含まれ、スギ、ヒノキ等の植林も多い。スギ、ヒノキ等を国が植えた国有林も多いが、ある時期、民間がこれらの木を植えると、国から補助金がもらえたらしい。政策によってつくられた森だ。このように、過去の人間の木の選択によって東京付近のほとんどの森林が影響を受けている。木を伐ったり植えたりする植物の選択や森林への活動によって、そこに棲む生き物が将来に渡り影響を受ける。これらのことはあまり知られていない。

多様な生き物が棲む雑木林のような環境が選ばれ、維持のための活動がされるといいと思うのだが、現実はそうなっていない。

(3) その後のこと

2011年に萌芽更新のその後の様子を見に行った。丘に登り、伐採されたところに着く。一見したときはほとんどの根がそのままで、やはり講師のいっていたとおり太くなりすぎたため萌芽更新していなかった。そのための対策のように幼木が並んで植えられていた。しかし、少し上の方に行くとぽつぽつと萌芽した株があった。若枝が1・5メートルくらいに育っている。やはり比較的太くない木だ。何本かでも世代を継いだ木があってよかったと思う。いずれ、植えられた木と混じって、また美しい雑木林が戻ることだろう。雑木林を守ろうという方針があったおかげだと思う。

萌芽したコナラ

伐採された場所
(芽の出ない切り株と植えられた幼木が並ぶ)

43. 造成地にわずかに残る田園風景「程久保川」

(1) 自然回復されたワンドで遊ぶ

自然回復の活動として程久保川にワンドをつくり、「まっすぐな川に曲がった流れをつくったら、豊かな自然環境になった」という。どんなところかと思い、何年か前に魚とりをしようと息子をさそって行ってみた。

程久保川は、京王線百草園駅付近で多摩川に合流する全長3・8キロの小さな支流。合流点近くは、両側をコンクリートの高い護岸に囲まれた水路のような直線的な川だ。その護岸の壁に直径1メートルくらいの穴を二つあけ、そこからの草地を水が流れるようにしてワンドをつくった。ワンドは緩やかな流れや沼のような場所のことで、止水を好む魚や稚魚の生息に適し、隠れる場所もあるので魚種も数も多い。

程久保川のワンドは三日月の形に曲がって流れ、元の川に戻る。小川のようにさらさら流れ、幅2メートルくらいでひざ下の深さ。水遊びにちょうどいい。魚をとろうと網を持って息子と入った。水際の草下に網を置き、足で草をガサガサする。すると、網の中に動くものがいる。小さなヌマエビのようだ。最初から獲物がとれ、息子と一緒に喜ぶ。期待も高まり、ワクワクしながら川を下っていくと、両岸が草で覆われており、どこか遠くの山奥や原野に来たように思える。草の多いところをガサガサすると時々獲物がとれ、息子も楽しそうだった。

さらに下っていくともう一組の親子がいた。父親が網で魚を狙っている。「何かとれましたか」と

護岸に開けた穴とワンド

聞くと、「え～、ヨシノボリが……」と見せてくれた。しばらくすると「ドジョウを捕まえた」といっていた。

私の足元でもヨシノボリらしい魚が石の上にちょこんとのっている。確かに魚が多い。慣れない我々も短時間に数匹の小魚とヌマエビ、ザリガニがとれた。この曲がった流れのワンドがとても魚に優しいことを感じた。そして、それ以上に、川の中でジャブジャブしながら遊べたことがとても爽快で大満足、都会暮らしで忘れていたものがよみがえったようだった。

(2) 工事中の川の上流は田園風景

２００７年11月、程久保川上流で工事をしていると知ったので、どんな状態か気になり行ってみた。多摩動物公園駅の前に来ると、道路の左側は工事の柵でふさがれ、中には重機が入り、灰黒色の土砂が露出している。地面を掘り、直線的な水路をつくっている。「ヒドイ！川はどうなるのか?」。元の流れは動物園と反対側の崖に沿って、重機の積み上げた土の横を細々と流れている。この水は駅の下を通り、下流の護岸された川につながっているらしい。工事中の右側の水路ができたらなくなってしまうようだ。

上流に向かって歩いてみた。柵がある工事中の区間を過ぎると、駐車場の横で水の流れが姿を現わした。川の底は岩になっている。いわゆる滑（ナメ）だ。崖側は雑木林で、様々な木で覆われている。そこだけ見るといい自然空間だ。ヒヨドリが代る代る水浴びをしている。

駐車場を過ぎると道路工事の現場をくぐり、また駐車場へと続く。その先は田んぼになる。緑の丘と田んぼの間を、ひっそりと川は流れる。野鳥があぜ道から飛び立った。アオジのようだ。小さい川だがくねくね曲がっている。さらに上流にも広い畑があり、いろんな野菜や果物が植えられている。そこには蝶がきている。よく見かけるキチョウやヤマトシジミなどのほか、ベニシジミ、ツマグロヒョウモン、キタテハも何匹か飛んでい

原野の中のような流れ

る。11月に入ってもこんなに蝶がいるのかとびっくり。ホオジロも現れ、モズの高鳴きも聞こえる。

川沿いにはミゾソバなど小さな花が咲くほか、この時期にしては珍しくタンポポも咲いている。アザミがきれいに咲いているところもある。春は花に覆われさぞかしきれいだろう。シオカラトンボも飛ぶ。小川の近くで、雑木林と草花、野鳥に蝶やとんぼ、車が行きかう道路以外はのどかな田園といえる空間だ。昔の谷戸の風景だろう。道路沿いに七生丘陵散策コースと案内標がたっている。ハイキングコースになっているようだ。

畑で作業をしているおじさんに「この川はどこが水源ですか？」と聞いてみた。「どこかな～。右か左か？湧き水だよ。朝はきれいだから」という。この先、左側の道路はすぐ上が多摩テック（2

田んぼ脇を曲がって流れる上流

００9年に営業終了）の駐車場になっていて川は見あたらない。右側は、道路沿いの小さな水路となり、クアセンターへ登る道で暗渠となる。多摩テックの横の道を登りきるとクアセンターの駐車場にくる。水は、このクアセンター付近から流れてきているようだ。ただ、高台から流れてきているので、私も「どこかな～」と不思議に思う。

帰りがけに、京王線多摩動物園駅で下流を見た。しっかり護岸され、まっすぐになっている。川底も両岸も全てコンクリートの川。いわゆる三面コンクリートの川だ。川へはおりられず、水辺で遊べない。この付近は昔は谷戸で、牧歌的な雰囲気だったそうだが、戦後の東京の人口増により造成され、住宅街になった。住宅ができたため、洪水対策とし

下流の直線的な流れ（三面コンクリート）

て護岸された。今回の工事もそうだろうが、人工化が次の人工化を呼んだ。

（3）自然と人工化について

程久保川の現実を見て、自然と人工化について思いを巡らした。この川は、下流はまっすぐの川を曲げて自然回復させたと思えば、上流では曲がった川をまっすぐにしようとしている。気がつかない人が多いだろうが、上流には昔の谷戸の田園風景が残っている。いつか、この自然が残る流れを壊し、人工の水路にするのだろうか？

そうすると、さらに将来、もしかしたら自然が恋しくなり、下流のように自然回帰の工事をするかもしれない。そんな馬鹿な繰り返しをするのだろうか？　この川の運命は、人間次第。「最初から自然のことを考えて計画をすればいいのに」と思ってしまう。

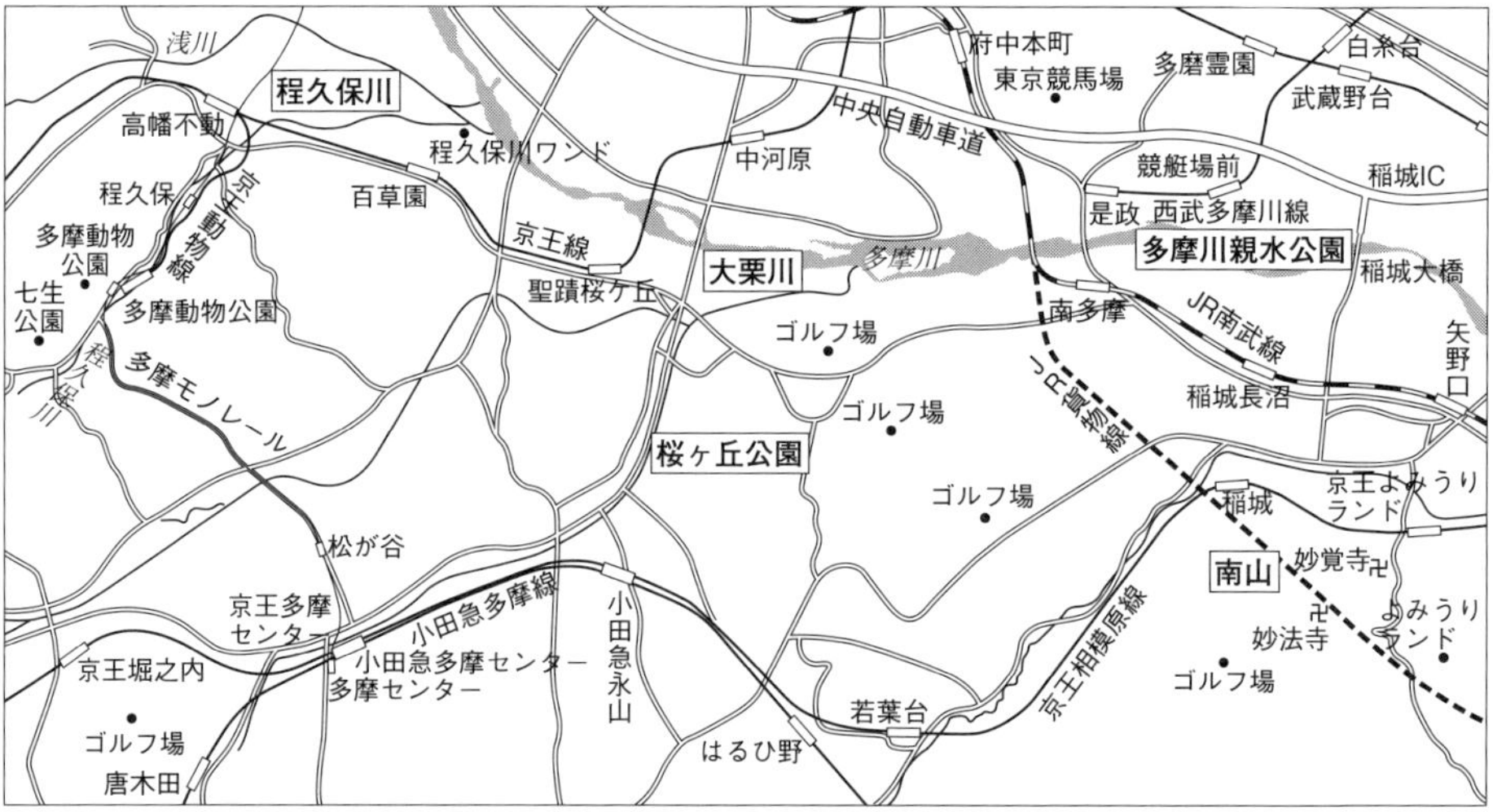

多摩川中流点（聖蹟桜ヶ丘〜稲城）と程久保川、大栗川、南山など

44. 食物連鎖を実感する「大栗川合流点」の野鳥

(1) 野鳥が多い大栗川合流点付近

多摩川本流は、立川付近で中央線の橋をくぐると河原に公園や運動場が増えてきて、自然味が薄れてくる。それでも、河原は街とは別世界。公園や運動場になっている場所以外は勝手に草木が育っている。

右岸に程久保川合流点を過ぎると京王線聖蹟桜ヶ丘駅付近にくる。周辺はビルが目立つようになるが、川周辺は日本野鳥の会の探鳥会が開かれるほど野鳥が多い。特に大栗川の合流点付近は、東京の野鳥観察の名所の一つといえる場所だ。大栗川の上流は三面コンクリートの自然味少ない川だが、ここは広くなった川の南岸が崖になっていて、人が近寄れない自然地帯が残る。

(2) 野鳥の思い出

大栗川合流点付近には、20年ほど前から時々行っている。当時は野鳥観察をはじめたばかりで、ここで初めての種類と出会ったり、野鳥の生態に驚きを感じたりと、思い出が多い。

最初に来たときに驚いたのは、けたたましい野鳥の鳴き声だった。5月のこと、大栗川と多摩川の間に広がるアシ原で「ギョギョシ、ギョギョシ」とオオヨシキリが大声で鳴いていた。空では、セッカが「ヒッヒッヒッ、チャチャ」と鳴きながら飛んでいる。こちらも響くような鳴き声だ。東京近くにもこんなに野鳥の賑やかな世界が

多摩川合流点付近の大栗川

あることを知り、とても驚いた。

ここは水辺の鳥が多い。特に純白のコサギが目立ち、黒いカワウもよく来る。どちらも魚を食べるので、競合関係にあるかと思えば仲がいいことがある。カワウが数羽、上流に向かってもぐりながら進んでいくと、岸辺で数羽のコサギが追いかけ、カワウから逃げた魚を捕えようとしている。一緒に狩りをする共同作戦だ。なかなか頭がいい。

カワセミにもよく会った。手前の護岸にとまり、近くでその色合いを見たときは本当に感動ものだった。胸のオレンジや羽の青緑もきれいだが、背中に輝く薄青緑の縦の線が、宝石でもここまで鮮やかではないと思えるくらい素晴らしかった。野鳥ファンの間ではカワセミは人気があるが、この色を見て納得した。動作もおもしろい。移動のときは一直線に真っ直ぐ飛ぶが、狩をするときは空中でホバリングしてとどまり、獲物を定めると一気に水に突っ込んでくちばしで捕える。この一連の動きは、見ていて飽きがこない。カワセミは、土手のような場所に穴を開けて巣をつくる。ちょうどここは対岸が崖になっているので、そこを棲み家にしているのだろう。

当時、ヤマセミもこの付近に棲んでいた。ヤマセミも水中に飛び込んで魚をとる鳥だ。対岸の木にとまっているヤマセミを狙って、超望遠レンズをつけたカメラがプロ野球のカメラ席のようにズラッと並んでいる光景を見て異様に感じた。

この鳥は眼がクリっとして大きく、とてもかわいい。冠をのせたような頭、ゆうゆうと飛ぶ姿。カワセミのように美しい色合いはないが、愛嬌さと野性さの両方を持つ雰囲気があり、親しみを感じる。だけど、いつのまにかいなくなった。なぜかわからないが、オオタカに攻撃されたと聞いたことがある。その後、ヤマセミには、ほかの場所でもほとんど会うことがない。

思い起こせばこの鳥に会ったのは大栗川に行く前、南アルプスや北海道の川で渓流釣りをしたときだ。どちらも自然豊かで魚がとても多い場所だった。その自然豊かな場所に棲む鳥が来ていたこの場所は都会離れした自然だったのだろう。

ヤマセミに代わって、最近、野鳥ファンをここへ引き寄せているのがオオタカなど猛禽類のようだ。

２００７年の冬に何回か行ったのだが、毎回オオタカ

獲物を探すチョウゲンボウ

魚を捕るコサギとカワウ

コサギも食べるオオタカ

魚をくわえたカワセミ

に会えた。あるとき、オオタカのとまっている枝の下にチラッと白いものが見えた。最初は、気にならなかったが、隣の人たちの話を聞いてぎくっとした。「コサギの首」だという。よく聞いてみると、午前中に捕まえて食べたという。純白の大きな鳥も容赦なく食べてしまったのだ。これが野生の姿だと驚く。

カラスとオオタカがやりあう場面も何度も見た。カラスがときどきオオタカにちょっかいを出す。オオタカが威嚇すると引き下がるが、あるとき、オオタカが追いかけた。それは、迫力のある素早い動きで、広げた純白の羽が色鮮やかだった。また、あるときは、カラスを崖の上まで追いかけ、見えなくなったことがある。すると、オオタカがいた木の下にコサギが飛んできた。

カメラマンが「タイミングが悪い」という。それまでコサギがそこにいなかったのは、オオタカの存在に気がついていたからなのだろう。コサギもオオタカの眼を気にしているというわけだ。コサギは飛ぶのが遅く、潜りもできないから狙われるのだろう。

(3) 猛禽類が来る場所ということは

ここに野鳥が多いのは、地形的な三つの特徴によると思う。一つは大栗川の魚の多さ。泳いでいる鯉や跳ねる小魚が見えるほど魚が多い。本流に比べゆったりと流れ、水温も適当で棲みやすいのだろう。魚が多いので魚を食べる鳥が集まる。二つ目は川の近くに崖があること。崖の上はゴルフ場だが、崖付近は土地利用ができず、様々な草木が自生している。平面的にはわずかな場所だが、立体的な空間が野鳥のいい棲み家になっている。餌になる実や昆虫も多い。三つ目は多摩川の河原がアシなどの自然の草原となっていること。ここも餌や巣をつくるような隠れ家も多い。多様な地形と植生が野鳥の種類を多くしている。

野鳥が多いとそれを食べる猛禽類も来る。コサギなどを狙ってオオタカが来るほか、ノスリやチョウゲンボウも来る。ハイタカやハヤブサも来るらしい。

東京にはこのようないい環境が少ないから、ここに野鳥がたくさん集まるのだろう。しかし、最近気がついたが、ここだけ環境がいいからではないようだ。

猛禽類という生態系の頂点の鳥は、広い範囲で採食する。この鳥が来るのは、周辺にも、ある程度広く自然が残っているからだろう。長く続く多摩川の河原のほか、近くには桜ヶ丘公園、そして、稲城付近の南山に大規模な自然林が残っている。このように、近くにも自然が残っている場所があるからこそ大栗川にいろんな鳥が来る。

ある土地の環境状態は、周辺の土地の自然度合いとも影響しあい、保たれている。逆にいうと、ある土地の開発は、生き物にとってはその場所で生きるものだけの問題ではないということだ。人間社会ではあまり理解されていないようだが、生き物にとっては切実なことだろう。

45．開発されつつある「南山」の広大な緑の丘陵

（1）南山を知る

南山問題の市民団体から南山開発反対の署名募集があり、南山に残る自然と開発計画を知った。多摩川の南、稲城付近の地形写真を確認すると、緑がまとまって残っている。自宅から30分ほどのところにこんなに広く緑が残る場所があるとは知らなかった。

２００９年3月中旬、南山の観察会が開催されたので参加した。

京王線京王よみうりランド駅に集合し、近くの妙覚寺から丘への道に入る。梅林を過ぎ、坂にさしかかると墓石がズラッと横に並んでこっちに向いている。その何十の列が段々になって山の上まで続く。一つひとつが違った人の形をしていて、国指定の文化財級のものだという。しかし、骨は埋まってないので墓ではなく、開発計画では石と見なされてしまい、なくなる危機にある。

坂を登りきると頂上からは雑木林の間の山道になる。自然味あふれる雰囲気だ。ここの南側一帯が、「根方谷戸」だ。説明では、オオタカが棲み、沢には絶滅危惧種のトウキョウサンショウウオが生息するという。シュンラン、ギンラン、キンランなども咲く。根方川という川があるが、道がなく、沢登りで入るという。歩きながらその方向を見たが、木がうっそうと生えていて全容がつかめない。自然度が高そうなので行ってみたいと思った。

反対の北側は崖になっていて、「危険」の看板がある。少し行くと、道沿いに「環境調査中　立入禁止」との看板があり、綱が張ってある。さらに行くと、右側にきれいに伐採された場所が見える。伐られた木が山積になっている。１０００本か２０００本くらい伐られ、２週間ほどで里山の機能が死んだという。そして、左側も緑がなくなり、赤土となっている。縄文時代の埋蔵品が出るので遺跡の調査中とのこと。伐られた木がここでも山と

積まれている。

道はゴルフ場につきあたると左に曲がり、妙法寺の境内に入る。ここで案内者から南山開発の説明がある。「南山の東部、東京ドーム19個分の87ヘクタールが区画整理される。8万本の木がなくなる。都では、東京湾に8万本の木を植える計画があるというが、今ある木を伐るのはおかしい。新宿から30分でこられるオアシスだが、ほとんどが住宅地になる。現在、里山保全は地権者の利益になると訴えている。しかし、区画整理事業では、地主が何をしようと勝手ということになっている。地権者は、法律どおり進めているので、自然が大事だけでは通じない。市が反対するか世論を高めれば変わる可能性はあるが、テレビで2回とりあげられ、署名を2回して2万集めてもびくともしない。市民は何もできない。環境調査をしているのは開発側の組合団体だから、やめるような結果は出ないだろう。オオタカの巣は区域外ということになった。この自然は、東京都の宝だと思うが、市議会も理解してくれない」。なんとかしたいという切実な思いが伝わってきたが、法律上の権利でどうしようもないようだ。

伐られた木の山

説明後、京王線稲城駅に向かって歩く。ゴルフ場沿いの道から林の中をおりていく。道の両側は、開発組合の「埋蔵文化財調査中　立入禁止」との看板が目立つ。途中、二箇所、林の中にシュンランが咲いていた。東京近郊で自然に咲いているのは珍しく、私は都内では初めて見た。雑木林の中には自然な雰囲気の畑もあった。広大な緑の丘を歩き終わり、ここが全て開発されると思うと、とても残念な気持ちになる。この地のような普通の野山の自然が素晴らしいのだが、それを理解する人は少ない。そして、それを守る仕組みもない。

東京では珍しいシュンラン

(2) 南山の春

南山の春を見たいと思い4月上旬に行った。観察会のときとは逆に稲城駅から歩き出す。住宅街から山道に入るところに、ムラサキケマンやタチツボスミレなどの花がたくさん咲いている。近くに花の写真を撮っている人がいる。その人とほかの人との会話によると、この山にはエビネやサイハイランも咲くらしい。

登っていくとトラクターで畑を耕している。近くにルリタテハやキタテハが飛んでいて、スミレが群生している。新緑の木々がすがすがしく、ウグイスのさえずりも聞こえ、田園の春を満喫する。

途中、長い捕虫網を持った人に会う。「蝶ですか?」と聞いてみた。すると意外にも「いや、カミキリムシだよ」との返事。「珍しいのがいるのですか?」。「珍しいのはいないが、種類は多い。この辺で100種類以上見つけた」。びっくりした。私は、カミキリムシは今まで2、3種しか見た覚えがない。

その後、京王よみうりランド駅まで歩いた。特別貴重な種には会えなかったが、カミキリムシのおじさんの言葉ではないが、動植物の種類が多い自然地帯と感じた。大切な自然の「多様性」がある。

(3) 巨大崖と根方谷戸

4月中旬、どのような場所か気になっていた崖の下に向かった。

崖は、京王よみうりランド駅と稲城駅の間の線路沿いにある。崖の近くに来ると、東京とは思えない大きさで圧倒される。高さ60メートル横600メートルあるという。手前の草地には野生のままの様々な草木が生えている。踏み跡があり、崖をわずかに登るところまで行ける。そこから街の風景を見渡すと、緑のない広大な都市の灰色の海の上に、ここだけぽっかり緑の島があるように感じる。ここで、同じ枝にとまったモズのオス・メスを見た。お互いに意識しあって、身体の向きを変えてポーズをとっている。ここで番《つがい》になり繁殖するのだろうか。ここなら子どもを育てるための十分な餌がある。

次に、観察会のときに行きたいと思った根方谷戸に向かう。京王よみうりランド駅近くの妙覚寺を通り過ぎると、道路脇の幅50センチ位の側溝にわずかな水が流れている。少し歩くと狭い空き地があり、そこから踏み跡が奥に入っていく。先ほどの側溝の流れが石垣の下を流れ、谷の地形になる。このわずか10センチにも満たないくらいの深さの流れが根方川のようだ。右側の竹林の中の小道を行き、堰堤を越えるとホウチャクソウがきれいに咲いている。

やがて、小道は幅2メートルくらいの蛇行した砂を敷き詰めたような場所で消える。模様が水の流れの跡のようで、「枯れた川」だとわかる。ほかに道がないようなので、川底だったところを歩いていく。ところどころ流木があるが、流れた土砂でほとんど平らになっている。味気ない。トウキョウサンショウウオも棲んでないのではないかと思った。何かの工事の影響だろう。どこまでも水はない。それでも上流を目指す。いろんな草木が無造作にあり、ジャングル探検のような気分だ。

巨大な崖

川の跡をしばらく歩き、数メートルの堰堤の横を登り、踏み跡を行くと正面が開けた。しかし、川跡は左右に分かれ、左は暗渠に入る。右側はU字のコンクリート溝が斜面に沿ってあり、奥は、柵で閉ざされている。なぜかこの辺りにだけ水が溜っている場所がある。右側の丘を登って行く。振り返るといま来た谷戸の森が見える。広葉樹が多く、緑が美しい。

枯れた根方川

登りきると行き止まり。2メートルくらいある工事用柵で、見通しがない。しかし、横側に記憶がある地形が見える。観察会で来た妙法寺への入り口だ。近く一帯が赤土になっていたことを思い出す。川の上流で工事をしているので水が枯れたのだろうと思う。しかし、谷戸周囲の森はまだ野生のままだ。根方谷戸の森には人工物は全く見えない。この森を頼りにしている生き物も多いのだろう。

　ここから坂を下り、来た経路を戻る。ふわふわと中型で、茶色にオレンジの小さい模様があるような蝶が飛んできて、地上にとまった。翅を閉じていて裏側しか見られないが、灰色で、翅の先が後ろに曲がっていた。なんだかわからないので、写真を撮って家で図鑑やホームページで調べてみた。ずいぶん探した結果、クロコノマチョウの写真と一致した。この蝶は、元々は静岡以南の南方の森に棲み、関東ではとても珍しい蝶だ。しかし、

南方系のクロコノマチョウ

イカル

最近東京でも姿が見られるようになったらしい。それは温暖化の影響らしいといわれている。ほかの昆虫でも、南方系のものが東京に進出している例を見ている。生き物観察をしていると、こうして環境の変化を知ることができる。温暖化で生態系が変わっている結果のようだ。

　下の方の堰堤に来ると、木にイカルがとまった。堰堤下からシロハラも飛んだ。そして、カケスの声も聞こえる。東京では珍しい野鳥も集まっている。

　小道沿いには、かわいいスミレが群がって咲いている。ツボスミレらしい。その隣には、猫の眼状態になったネコノメソウもある。野草も東京近くにしては珍しいものがたく

根方川の上から眺める素晴らしい林

さんある。

（4）東京近郊の豊かな自然の価値と権利

3回だけの、それもわずかな時間の訪問であったが、南山の開発計画区域で、東京では見られない様々な生き物に出会った。ここだけでなく、周辺地域と行き来する動物も多いだろう。東京から離れた地域では普通の自然かもしれないが、東京近くでは数少ないまとまった緑のオアシスであり、たくさんの生き物を育んでいる。

最近は環境問題が意識され、緑を増やす必要性がよくいわれる。企業でも、企業イメージを意識し、木を植えようとしている会社もある。そんな中、ここでは貴重な都会の緑をなくそうとしている、と、自然保護派が唱えても、現在の法律社会では人間の権利が保護されており、どうしようもない。ある場所の土地利用の変化は、周囲の自然環境にも大きな影響をもたらす。それを個人の権利だけで進めていいのだろうか。それを抑制するような環境価値を考慮しての法的な枠組みがあるといいと思うが、考える人はいないだろうか。

（5）その後のこと

2011年7月、その後の様子を見に、同じ場所を訪れた。

京王よみうりランド駅からお寺の横の道を登る。文化財級の墓石が並ぶところはそのままだった。まずはよかったと思う。しかし、坂を登りきり、頂上に着くと、眼の前に黄と黒の警戒色の綱が張ってあり、「立入禁止」の看板がある。頂上が以前と違い狭くなったように感じる。左側に歩道があるので行ってみると、道は下って左に曲がり、なんとさっきのお墓の下に戻ってしまった。以前歩いた道は、立入禁止で入れなくなったということだ。次に根方川の入口に行った。しかし、ここも大きな「立入禁止」の看板があり、入れないようになっている。

それならばと稲城駅側に行ってみた。住宅街の近くの工事箇所の入口に行く。しかし、前回と違い、高いフェンスで仕切られ、中が見えなくなっている。要塞のよう

ツボスミレ

だ。そして、「立入禁止」の看板と、「この先は個人の土地　立入禁止　地権者以外ははいらないでください」という看板もあった。中は見えないが、丘を削り、宅地開発しているのだろう。

やるせない気持ちのまま、貨物線の上を渡る道に行ってみる。こちらの入口の付近は、前のように登っていける。しかし、少し登ると宅地開発している場所の上を通り、開発側には「立入禁止」の看板がある。少し歩くと以前スミレがたくさん咲いていた畑に出て、そのうえにいい感じの谷戸の風景が広がる。いくつかの畑があり、道にはチョウがよく飛ぶ。この付近は、今のところは開発対象地域ではないのだろう。

一番上の畑から見上げると、遠くに「立入禁止」の看板がある。それでも以前歩いたゴルフ場から妙法寺方面に抜けようと、尾根に登って立入禁止以外の道をあっちこっち行ってみた。二箇所の道を行こうとしたが、どちらも細い道で方角も不明確なのであきらめた。登り下りで汗をかいたあげく、結局来た道を稲城に戻った。地権者の地域は「立入禁止」で囲まれている。中で何がやられているか？　どうなっていくのか？　と思った。

この日は短時間だったが、東京近くでは珍しいホトトギスとウグイスのさえずりが聞こえた。これら野鳥、ジャノメチョウの仲間もたくさん飛んでいた。チョウなどの生き物には、人間の誰が所有する土地かは関係がなく、行ったり来たりする。しかし、この里山も人工の街になると行き場がなくなってしまう。

ホームページで、この問題の経緯を調べてみた。するとウィキペディアに「南山東部土地区画整理事業」として掲載されていた。

それによると、２００１年に南山宅地化の計画が具体化したが、多摩ニュータウンなどの建設によって、南山地域の緑地としての価値が相対的に上昇し、南山地区の宅地開発の是非を問う議論が巻き起こり、複数の市民団体が問題提起した。そして、地権者や市議会議員なども交えた「南山懇談会」が開催された。市議会での議論も行われ、宅地開発と緑地保全を可能な限り両立させられる案を模索した。しかし、そのプランも地権者に受け入れられなくて、一部小規模な雑木林を残すという妥協案となったらしい。

その後も２００５年には新たな市民団体が結成され、

日本共産党や市議会の一部も支援にまわった。この議論はマスコミも注目し、雑誌や新聞がとりあげた。署名も行われ2万筆以上が集まり、市長に提出されたという。しかし、市当局は、南山問題は既に議論の積み重ねがあり、私有地の区画整理であり組合設置も認可されているため、開発容認方針の転換を拒否した。反対運動はその後も続けられ、2009年にはまた違う二つの市民団体が署名活動や請願書を提出するなどした。そこでも2万5千筆強の署名を集めたという。

立入禁止のとても高いフェンス

しかし、その多くの人々の思いは通じず、2009年5月には起工式が行われ、衆議院議員や都議会、市長、反対ではない市議らが出席したという。いくつもの市民団体が反対運動をし、何万人もの署名もされ、さらに政治やマスコミも含めての反対運動が行われた。それでも、土地の権利を持つ地権者の方針とそれを支援する政治勢力を変えることはできなかったというわけだ。

宅地開発をしている入口のとても高いフェンスがそれを象徴しているようだ。「この範囲の土地は我々のものだ。どうしようが勝手だろう」と。

最近、聞いた話では、少しでも開発地域を少なくしようとまだ活動が続いているらしい。その一つの要望が根方谷戸を造成しないことだという。

私が根方谷戸に行ったとき気がつかなかったが、わずかな水溜りにトウキョウサンショウウオが棲んでいるらしい。このような都会の貴重な場所の価値が認められ、少しでも多く、そのままにしてくれることを祈っている。

46. 街中の湧水を集めて流れるオアシス「野川」

(1) 野川の源流

野川は、市街地を流れる小川。国分寺付近から小金井、三鷹、調布、狛江、世田谷にかけて、国分寺崖線という崖が続いていて、その下から湧き出る水を集めて流れている。この崖は、2万~3万年前にこの辺りを流れていた多摩川が削ったもので、通称、「ハケ」と呼ばれている。

この野川のはじまりは、国分寺の日立中央研究所の庭園内にある。ここは、年2回一般開放されており、数年前にNACOTの観察会で見学した。正門から研究所内に入ると両側が林になっていて、すぐに橋がある。橋の下には、地面からわずかに水が浸み出ている。建物の前から南側に歩くと坂があり、この坂で国分寺崖線を下る。坂の下には大池という名のとおり大きな池がある。坂や池の周りにはコナラ、イロハモミジなど様々な木がある。企業の敷地とは思えないほど自然が残る。奥の方に行くと、大池から水路に水が流れ出ている。ここが、野川の流れ出しになる。近くに地面から水が湧き出ている場所がある。水源だ。池の北側でも、崖の斜面の下から水が湧き出ていて、この水が池に入る。ここも水源だ。ハケの上に降った雨が地層の間を流れ、崖下に出たものだ。湧き出る水は、地層の浄化作用のおかげで透き通っていてとてもきれいだ。

野川は、研究所の敷地を出ると暗渠に入り、西武線と中央線の線路の下をくぐって住宅街に流れていく。水源はここだけでなく、西国分寺駅付近の姿見の池もその一つで、途中で

ハケ下の泉

水源にある大池（日立研究所内）

合流する。ここの水は武蔵野線のトンネルの湧水をポンプで汲み上げたものだ。また、国分寺の真姿の池、殿ヶ谷戸公園の湧水も流れ込む。

（2）野川公園

野川は、小金井市付近にくると武蔵野公園、野川公園と周囲を公園が囲む。武蔵野公園には、くじら山と呼ばれるくじらのような形をした草の小山と広い原っぱがある。都内では少なくなったなんでもない野っ原だが、緑が多く、実に落ち着く。子どものいい遊び場だ。

野川公園は、昔は国際基督教大学のゴルフ場だった場所で、東京都が買いとり、公園にした。そのため、今でもグリーンのような長細い芝生がある。この付近では、野川は大学の横のハケ下を流れる、浅く緩やかな小川で、子どもが入って遊ぶのにもちょうどいい。網を持って魚とりをしている子どもをよく見かける。

また、野川公園には自然観察園がある。この自然観察園は柵で囲われ、管理人に守られている。管理人は地元のボランティアの人も多いようだ。中は雑木林とハケから湧く泉があり、ところどころ池もある。草花、樹木ともに種類が多く、植えられたものもあるだろうが、季節に応じて何かしら楽しめる。入ったところの案内板に、見どころの植物が写真付で表示されているが、いつも十数種類くらいは咲いているようだ。特に、冬から春は早くからザゼンソウ、セツブンソウ、アズマイチゲ、カタクリ、イカリソウ、キンランなどが咲き、とても賑やかだ。

植物が多く、自然の水があると野鳥も集まってきて賑わう。カワセミにはよく会い、自然観察園

子どもが水遊びしている野川

ザゼンソウ

の中で、アメリカザリガニを捕まえていることもある。冬鳥も多く、ジョウビタキ、カケス、シロハラなどに会ったほか、最近、シメが増え、百羽を超える大群がきていた年もある。ハケには立ち入れない林があるが、その中でオオタカが巣をつくっていたと聞いた。また、昆虫も多様で、都会では比較的珍しいチョウなどもいて、昆虫の観察会も行われている。

この付近は、昔、ホタルがたくさん飛んでいたそうだ。復元のためにホタルを育て、保護している「ホタルの里」がある。

(3) 野川の中下流

野川公園以外にも、ハケの湧水と緑を中心に公園になっている場所がある。野川公園のすぐ下流には湿生花園があり、そこにもホタルの里がある。水田もある。三鷹市で最後の田んぼだそうだ。しばらく行くと深大寺と神代植物園があり、ハケの下には神代植物園分園の水生植物園がある。かつては水田だったらしいが、今は湧水によって湿原のようになっており、ミズバショウなど水生植物が植えられている。そのすぐ下流に深大寺自然広

場と呼ばれている自然を利用した公園がある。ここには雑木林に囲まれた山キャンプ場や野草園がある。この野草園は、きらめくようにきれいな湧水の周りに、様々な野草が植えられている。さらに、この付近にはカタクリの自生地や水田もある。こちらは、調布市最後の水田だそうだ。ハケの湧水がいろんな場所でほっとする自然の姿をうみ出している。この先、野川は調布市から狛江市、世田谷区と市街地の中を流れ、東急線二子玉川駅付近で多摩川に流れ込む。

神代水生植物園の沼

(4) 涸れることがある野川

このように野川周辺には、いたるところに湧水があり、それを利用した自然豊かな公園が多い。この公園や河原で多くの人が自然との触れあいを楽しんでいて、市街地のオアシスになっている。

涸れた野川

しかし、心配なことがある。ここ何年か、野川の水が涸れることがあった。水が流れていない川は川ではなく、多くの生き物は死滅してしまう。原因はわかっていないようだが、湧水の川なので、地下水が涸れたからだろう。ハケの斜面は土が露出しているが、その上の平らな広い地面は市街地化でほとんどコンクリートや建物となっているため、降った雨はコンクリートをつたって直接下水道に流れ込む。土には入らないので、それが影響しているのではないだろうか。地下水の流れはまだよくわかっていないらしいが、地層には大昔の水が溜められていて、それが今湧き出ているとしても、その蓄えはもうわずかなのだろう。

自然の現象は複雑で、人間のしたことが、いつ、どこで、どのように影響があるかわからない。この街中のオアシスとなる貴重な水の流れを都市化の波から守り続けられるようにと願っている。

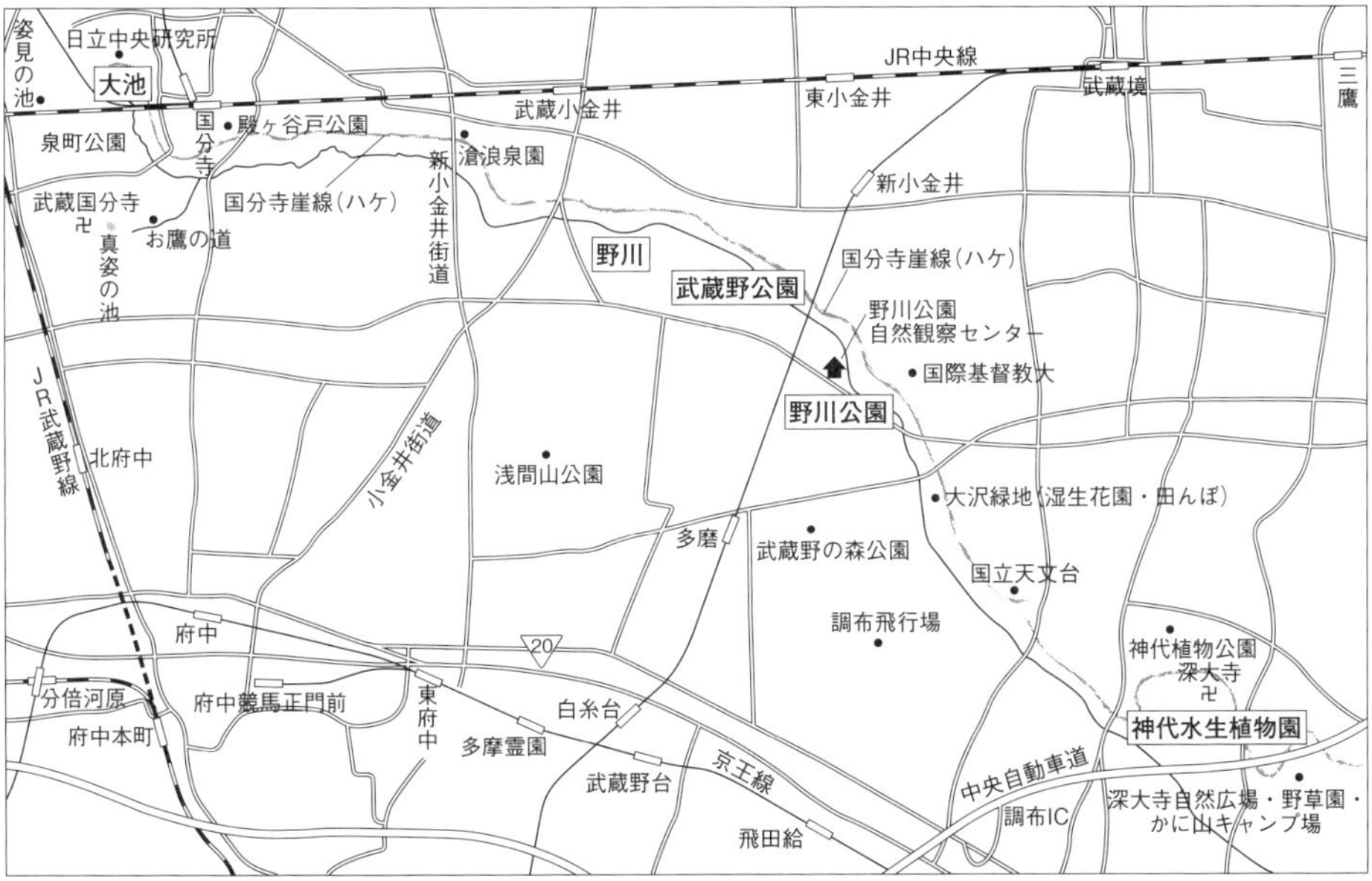

野川（源流～深大寺付近）、大池、野川公園、神代水生植物園など

47. 河原も利用される多摩川中下流域

(1) 中下流の河原

多摩川本流は、府中付近からますます都会化した街中を流れる。周辺は、家、ビル、道路、工場などの人工物がほとんどだ。河原も同じように、人工的な公園や運動場が増えてくる。河原は出水の危険があるため、人が住む建物は建てられない。そのため、公園や運動場などの土地利用が多いようだ。

川は広くなった河原を変化のない瀬となって流れている。川底は護岸工事のため重機で掘られ、また戻されるといった人の手が入っている場所もある。洪水対策のためやむをえないが、水は、平らになった砂利や小石の上を単調に流れるようになっている。それでも河原は都会人にとってはいこいの場所で、休日には多くの人が遊びにくる。

(2) 川での遊びいろいろ

人が集まるのは、まず運動場。運動場は五十箇所ほどある。野球場が目立つが、テニス、サッカー用などのほかゴルフ場もある。東京の運動場ともいえる。

公園もいくつかある。主な公園は、府中市の多摩川親水公園、田園都市線二子玉川駅すぐ近くの兵庫島公園、川崎市のせせらぎと親子広場などで、六郷多摩川緑地のような「緑地」と名づけられた準公園が河口近くまで点々とある。親水公園には、多摩川を上流から河口まで模した施設がある。200メートルくらいの大規模なもので、橋があるなど多摩川全体を把握でき、岩の間を上流側から水が流れていて、水遊びにも好都合だ。家族を連れて来たときも、子どもは水の中を歩きまわり、おもしろがって遊んでいた。せせらぎと親子広場にも多摩川を模した施設がある。

川沿いには、サイクリングロードがつくられている。

羽村付近から河口まで、一部わかりにくいがほとんど続いている。大体が土手の上を走り、景色もいい。サイクリングロードといっても、自転車だけではなく、散歩やジョギングをする人も多い。のんびり歩く人、犬の散歩の人、手にウェイトを持って急ぎ足で歩いている人、後ろ向きに歩いている人、車椅子の方など散歩の仕方もいろいろだ。オオタカを腕にのせて歩いている人がいたのには驚かされた。鷹匠だ。信号がなく、交差点も少ない真っ直ぐ歩ける道で、景色もいいのでうってつけなのだろう。都会では、運動もお金で買う時代になっているが、運動をするにしても、スポーツクラブのようなインドアで汗をかくより、風を受け、風景の変化を楽しみながらの方がよっぽど気持ちがいいはずだ。

そのほかにも、河原では様々なことが行われている。多いのはバーベキュー。交通の便がいい河原は、休日にはバーベキュー広場のようになっている。ほかにも屋外でできるあらゆる活動が行われているようだ。橋の付近では鉄道写真撮影、ラジコンの飛行機やヘリコプター、凧上げ、ゴルフの練習、絵、音楽バンドや演劇の練習、映画の撮影、モデルの撮影会など。たまにバードウォッチングなどの自然観察をする人がいるが、残念ながらあまり多くないようだ。

親水公園の多摩川全体模型（府中市）

川なので、本来は水遊びが多いはずだ。代表的な水の遊びは釣り。多摩川は魚が多く、種類もいろいろで、楽しみ方も様々だ。私はフナやヤマベなどの小物釣りをしたが、何が釣れるのかというわくわく感と手に伝わる感触が楽しかった。

河原とサイクリングロード

今は他におもしろい遊びが増えたのか、川で釣りをする人は少ないようだ。

　もう一つの水遊びは水上の遊び。多摩川でもウィンドサーフィンやカヌーなどを楽しんでいる場所がある。二ヶ領上河原堰の上だ。単調な流れの中下流も、せきとめられた場所は沼のように水が溜まっており、ボート遊びができる。ここは中州もあり、雰囲気もいい。滑るように走るカヌーを見ていると、地上では味わえない別世界を楽しんでいるのだろうなとうらやましく思う。

　河原でのんびりするのもいいと思う。川のほとりや土手、ベンチ、原っぱに座り、ただなんとなく眺めている人や、特に何かをするというわけではなく、気のあう人とゆったりとした時間を過ごしている人を見かける。東京付近の街中では、ビルなど建物が立ち並び、眺望がない。公園に行ってもさほど緑もなく、遠くまで見えるように広くはない。多摩川の河原では、幅広い川の展望だけでなく、場所によっては、遠く奥多摩や富士山などの山も見える。もちろん、目の前には水の流れと緑がある。川の流れと河川敷の草木、遠くには山の連なりと、自然の風景が楽しめる。そんなところで時間を過ごすだ

カヌーで遊ぶ人

河原に座り遠くを眺める人

ベンチで川を見る二人

けで癒されることだろう。

（3）都会の中の自然空間

都会の土地はくまなく有効利用されている。ほとんどが個人や企業の所有で、人が住むか仕事をする場になるか、お店や駐車場などなんらかの商売に利用される。土地が経済的価値をうんでいるのだ。しかし、河原は安定しない土地なので利用が難しく、個人所有者がいないため、経済的には価値のない土地になっている。

それでも、多摩川の河原には、年に１３００万人といわれるくらい大勢の人が訪れるという。このような経済的価値のない土地を、実は人間が求めているのではないだろうか。都会のオアシスとして、お金では計れない安らぎを与えてくれるからだ。それは、人間の祖先が育ってきた環境が自然の中だったからだろう。

多摩川の中下流の河原は、公園や運動場がつくられてはいるが、都会化に溶け込みながらも都市にはない水と緑の恩恵を与えてくれている。この水の流れがつくった自然環境が、これからも多くの都会人を楽しませ、癒してくれるだろう。

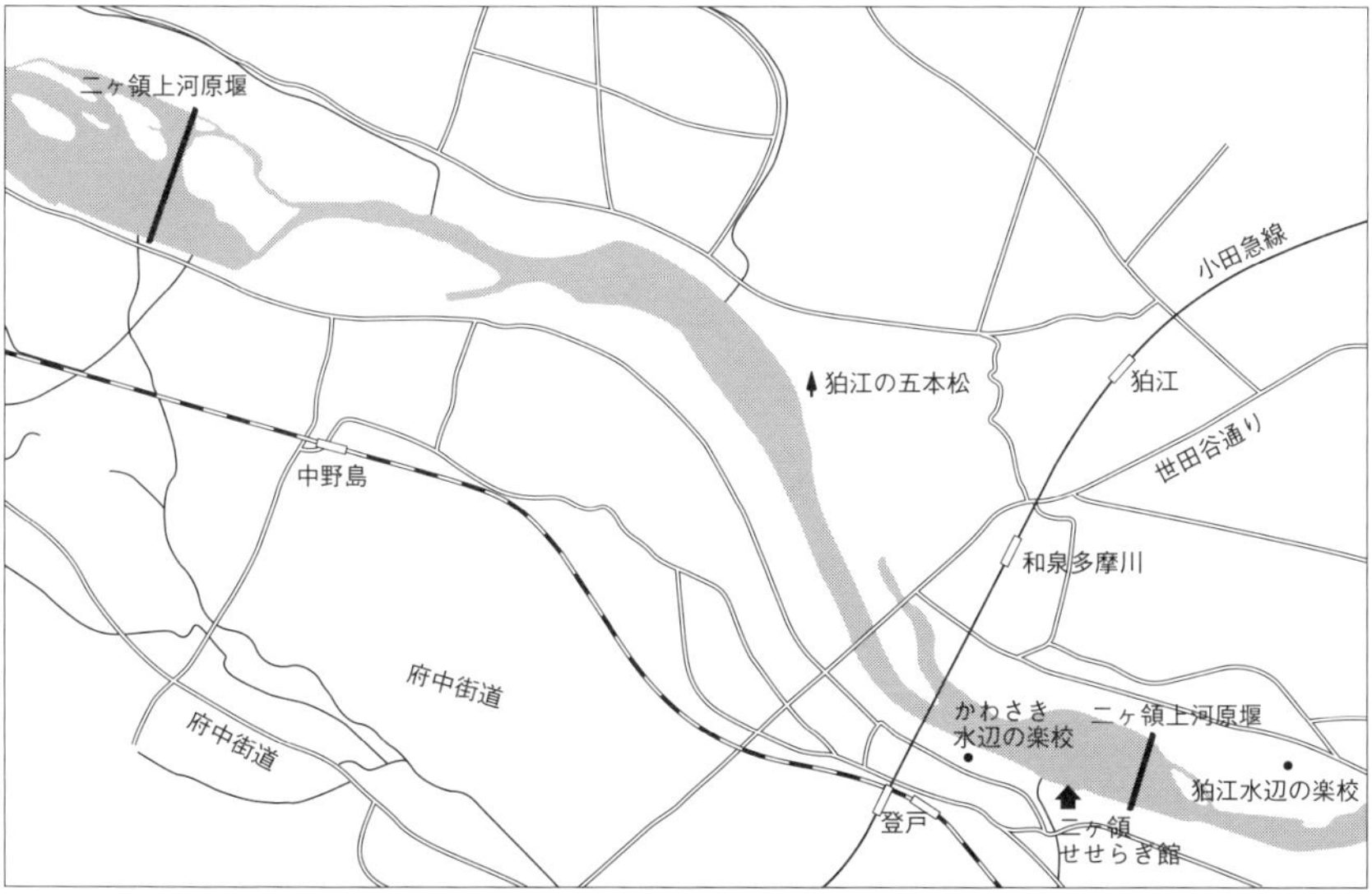

多摩川中流（狛江、登戸付近）

48. 自然遊びがおもしろい「登戸」付近の河原

（1）登戸付近で化石とり

登戸付近はいろいろとおもしろい。二ケ領宿河原堰という取水用の堰があり、上流側は止水のようになっている。大きな沼のようで釣り人も多く、本格的なヘラブナ釣りをしている人もいる。また、ボートにものることができる。狛江市側の河原はゆったりとした広場やグランドになっていて、バーベキューやスポーツをしている人も多く、都会のいい遊び場になっている。それでも、堰の下は岩盤が露出していたり野生的な草原や沼があったりで、自然の遊びでもおもしろいところだ。

驚いたのは化石が出ること。偶然、八高線鉄橋付近（昭島市）の多摩川河川敷で化石が出ることを知り、地学の本を読んだら登戸の二ケ領宿河原堰の下でも化石が出ることがわかった。

２００４年秋、息子と化石採掘を体験した。多摩水道橋から左岸を下流に歩いていく。堰の下の河原には、波打った堅い土の層がむき出しになっているところがあり、ところどころ土の固まりが転がっている。固まりは、岩のように硬くなく、ぼろぼろでもない。泥や土が堆積し、圧力で押されて硬くなったものらしいが、硬いものでたたけば割れる。地層がよく見える場所を採掘する。土の層をはがして少しずつ割ってみたら、土から貝の模様、木の化石、何かわからない模様などいろいろ出てくる。アサリを少し平べったくしたような固まりや、ハマグリのように大きな貝が土の固まりとしてそのままで出てきた。確実に化石だ。1時間半くらいで貝の化石らしき模様や固まりを数個みつけた。ここに来る前に五日市でも化石をみつ

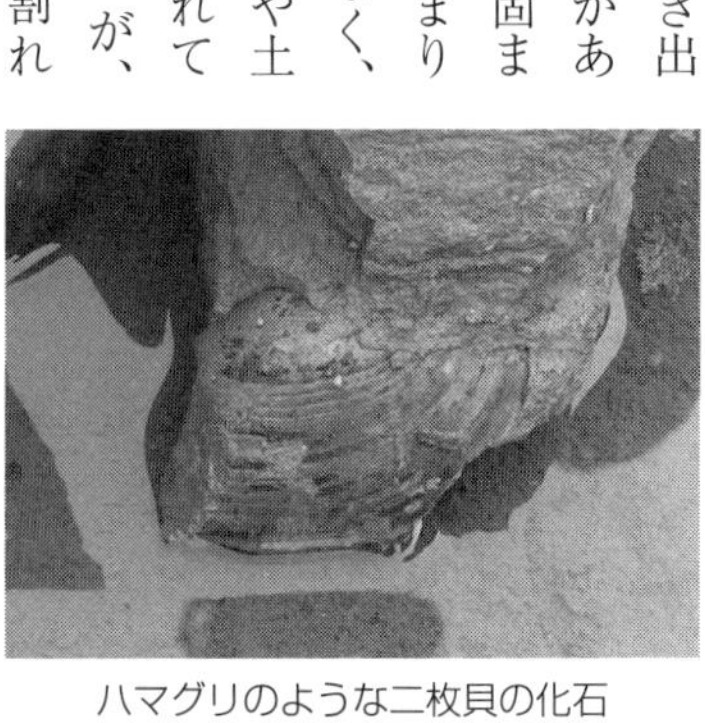
ハマグリのような二枚貝の化石

けたが、都会近くの登戸でも化石の出る太古の地層が露出している箇所があることにとても驚いた。

（2）自然の遊び場を見る

登戸周辺では、地元の人たちが河原を使った自然遊びを楽しくしようと活動している。

福生市の「多摩川の達人」という講習会に参加し、その講座でも2007年にこの登戸付近を訪ねたことがある。そのときにここの自然と地元の活動についていろいろと知ることができた。

登戸駅から二ケ領せせらぎ館にまず行った。ここは、NPO法人多摩川エコミュージアムを中心とする市民と行政のパートナーシップで管理・運営され、多摩川の防災、環境、歴史、文化に関する情報発信拠点になっている。このせせらぎ館に入ると、床一面に水源から河口までの多摩川の写真地図がある。大きくて航空写真なのでリアリティーがあり、おもしろい。よく行く多摩川上流の場所が「こういうふうなのか」と感じながらあちこち見た。緑が意外に多く、街は比率的にはとても少ないものだともわかる。また、この展示室にはいくつかの水槽があり、多摩川に棲むいろんな魚がいる。ナマズやブラックバス、そして鯛のような形のなんだかわからないものがいる。近くにあった図鑑を見るとブルーギルだ。外来種で、被害をおよぼす魚だ。「これもいるのか」と残念に思った。

上流に歩いていくと小田急線鉄橋の下流付近の河原にワンドがあるのが見える。「かわさき水辺の楽校」だという。冬なのにそこで釣りをしている人が何人かいる。

釣りやボートも楽しめる登戸付近

かわさき水辺の楽校のワンド

堰下の岩盤と野鳥

自然の沼の雰囲気があり、釣りもおもしろそうだ。後日、秋の休日に行ったら、何組かの家族連れが釣りを楽しんでいた。聞いてみたら、フナなどが釣れるという。「釣りはフナにはじまり、フナに終わる」というが、子どもにも大人にも、胸がわくわくするおもしろさがある。

ワンドから上流に向かう。小田急線鉄橋をくぐり、対岸に渡る橋を下流を見ながら歩く。堰でたまった水面には黒い鳥がいる。よく見ると嘴の上面が白い。オオバンだ。しかも、20羽くらいいる。橋の下には40～50センチのコイが点々と見える。上流の右側には狛江の五本松があるが、その辺りは大群で遡上するマルタウグイの産卵場所になっている。

左岸に渡ると川の土手におりる。こちらは狛江市だ。この付近の広場にはバーベキューをする人が多い（注）。ワンドにはボート乗り場もあり、川遊びで賑わうところだ。釣り人も多い。

小田急線の橋をくぐり、さらに土手を行くと、土手の道が舗装していない砂利道になる。これは、住民がゆっくり歩けるように、意図的にそうしたとのこと。舗装す

狛江水辺の楽校でのワイルドな風景

ると自転車が飛ばして走るので、狛江の住民が反対したらしい。

この辺は野鳥も多く、土手下にメジロが数羽出たり、住宅側の木にはコゲラが来たりしている。堰の上の水面にはカモ類がたくさんいる。ほとんどがヒドリガモのようだ。カンムリカイツブリも1羽いる。堰の下にはオナガカモ、オカヨシガモ、コガモ、キンクロハジロなどの野鳥が見える。

さらに進むと化石採りをした場所を過ぎる。20～30名の子どもの団体が化石とりの準備をしている。その近くの土手の下に水たまりがあるが、そこは自然の湧き水だという。水の中にアオガエルの卵が3塊ほどあった。ここからすぐ先が、「狛江水辺の楽校」だ。湧き水からの水が流れる狭い道を中心部に入っていく。原野のようでどきどきする。ヤンマ池という小さい池がある。緑色の水で透明ではなく、深さはわからないが何か生き物がたくさんいそうな雰囲気だ。小さいと思ったら、長細い形で意外に大きい。鳥も出てくる。アオジ、シメ、オナガドリといろいろだ。この楽校には初めて入ったが、結構ワイルドでおもしろい。「ここが、東京?」と思うような、原野のような風景も見られる。この講習会で下流にも多様な自然地帯があることを知った。

(3) 市民による自然地帯

この付近は都心近くなので、バーベキューやボート、釣りなどの遊びに来る人が多いにもかかわらず、水の周りには驚くほどの自然がある。堰堤の前後の地形が単純でなく、水の流れに変化があるので魚が集まり、それを狙う野鳥も多い。さらに、自然と遊ぼうという市民活動が活発だ。

　登戸側には「かわさき水辺の楽校」、狛江側にも「狛江水辺の楽校」がある。両方とも、ワンドをつくったり草木を野生のままにしたりなど、河原を自然な状態にしている。だから生き物も集まる。そこで、自然体験活動をできるようにしている。

　このように、自然を復活しようとワンドや草原をつくる活動をすれば、都会近くでも豊かな生き物の世界が保てる。このような活動がもっと広がっていくことを期待している。

（注）この付近でバーベキューをする人が増え、大量の残飯の放置やゴミ捨てなどの迷惑行為が目立つようになった。そのため２０１１年11月、狛江市は、市域にかかる部分でのバーベキューを全面的に禁止する方針を固めた。

49. 戻ってきた「アユの遡上」

(1) 多摩川にアユが戻った

空をバックに跳ね上がる銀色のアユの写真に目をうばわれた。２００７年4月の朝日新聞の一面に掲載された、天然アユが調布取水堰を越えようとする写真だ。東京湾で越冬したアユだという。その銀鱗の輝きがとてもさわやかで、都会の出来事として新鮮に感じられた。

次の休日、潮を調べて東急線多摩川駅近くの調布取水堰に向かった。4月中旬、大潮の日で、満潮の夕方4時10分程前に着く。晴れた日のせいか、下流の河原は様々なレジャーで賑わっている。しかし、堰の付近には様子が違う人がいる。ウェダーと救命胴衣を着けた人が、堰の川中のコンクリート柱の上に2人ずつ立ってじっと下を見ている。いつも閉まっている堰が開いている。手前の柵に張ってあるパネルに「魚がのぼりやすい川づくり事業、調布取水堰アユの遡上調査」とあった。そして、「アユの遡上確認数」として、昨日一日で３３１４４匹、集計で６３８３６匹とある。そうか、あの人たちは、アユの遡上数を数えているんだ。しかし、堰が開いていて満潮近いので、水面上に跳ねることがなく、流れの中をのぼれる状態だ。魚にとってはいいことだが、跳ねている魚を見にきた私には残念だ。あきらめざるをえない。

ちょうど調査の人が戻ってきたので様子を聞いてみた。「もう、今日はのぼってしまった。潮が満ちていくとき、堰に段差がないと跳ねない。昼過ぎに多

調布取水堰（手前に東急線）

かった」。段差が少なくなったときにどっとのぼったようだ。さらに「まだ、6月位まで続く。アユ以外にもサクラマス、ボラ、フナ、ハゼ、マルタウグイ、サケ、スズキものぼる。潮が引いているときは手前にアユがたむろしている。2月位にアユの第一陣が来る。15センチくらいの大きいアユからのぼり、今は10センチくらいだ。一番手前の水門の脇でよく跳ねる」と教えてくれた。釣り人の竿に何かかかった。30センチ弱のマルタウグイだ。水面で、ときどき赤い腹や白い腹の大きな魚が跳ねる。魚がウヨウヨいるようだ。5時過ぎに調査の人があがってきたので様子を聞く。「もう、ぜんぜんのぼっていない。昼過ぎ、2時頃が多い。飛び跳ねているのはボラかマルタウグイ」という。アユののぼりは見られなかったが、魚の多さを実感し、今度は2時頃にこようと思って帰る。

堰と跳ぶ魚

(2) アユののぼりを見て驚く

2週間後、同じく夕方が満潮の日に調布堰へ向かう。12時半頃堰に着き、早速、手前の水門付近を見た。今回はしばらくして跳ねる魚をみつけ、うれしくなる。水門の柱の横が一番多く、常に数匹跳ねている。10センチ弱と小さいが、双眼鏡で覗くと波の中にも魚が見える。白泡が切れる辺りでも、流れの横でも跳ねる。少し時間が経つと跳ねる数がさらに多くなる。陽があたり、たくさんのアユの銀鱗が輝く。本当に感動ものだ。驚いたのは、手前の流れがないところに沢山の魚がたむろしていることだ。この前聞いたとおりだ。ものすごい数、川が真っ黒になっている。

男の人が話しかけてきた。川を監視している人のようで、ここの魚についてよく知っていた。「ここには、何万といる。手前にもアユがたむろしている。もう少しして潮が上がると、どっとのぼっていくんだ。これまで100万匹はのぼった。去年は、三日間だけこの堰を開いた。それがよかったようで、上に大分のぼり、今年はその子どもが多い。今年は、2、3週間前からずっと開けているんだ。それまでは、手前の低い水門からしか上れず、7~8割が死んだ」という。「水がきれいになったから増えたのですか」と聞くと、「そう。二子玉川辺りで生まれたものが多いが、日野辺りまでのぼる。この先の堰堤は、魚道が整備されているのでのぼりやすいんだ」とていねいに教えてくれた。

ルアーで釣りをしている人にアユがかかる。対岸のコサギがときどきアユを捕まえる。近くのカワウが潜ると大体魚をくわえて出てくる。そのうち、カルガモもやってきた。何をしようとしているのだろう。

腕章をつけた人が立入禁止のロープの中に入って堰の上から川を見た。その人が「すごい数がのぼっている。のぼっているなんてもんじゃない。手前の魚が溜まっているところは養殖池のようだ。今日は本当に多い」と大声で叫ぶ。先ほどのよく知っている人も来て話をしている。「小さくて、上にのんびり浮いている魚はウキゴリだ。これものぼる。アユはもう少し下にいる」。確かに、よく見るとたくさんシマシマの魚が見える。マルタウグイの子どものウキゴリだ。その下をアユが泳ぐ。そして「ここの水の70~80パーセントが下水の処理水。人の身体を通ってきたものもある」という。2時過ぎになると少し満ちてきて、跳ねが減ってきた。

白い見慣れない鳥がやってきた。誰かが「アジサシだ」という。アユを食べるので「アユタカ」ともいわれるそうだ。そんな話を聞きながら見ていたら、さっきのカルガモが跳ねるアユを口にくわえて飲み込んだ。カルガモは草食と思っていたが、魚を食べるのだ。

帰りぎわ、先ほどの詳しい人から話かけられた。「これを見たら誰でも理解者になる。子どもは興奮する」といっていた。魚の躍動のすごさと、その奥に

堰を越えようと跳ねるアユ

ある川の自然の豊かさを象徴するような言葉と感じた。

(3) アユが戻ってきたということ

その年の12月の新聞に、「温か多摩川アユの産卵続く」との見出しで、川の中の小石にたくさんうみつけられた、半透明の卵の写真が出ていた。確実に多摩川で自然繁殖している。中流域では、水量の約5割が下水処理水なので冬でも水温が約19度ある。このため、産卵期が長いという。そして、この年には１４０万匹のぼったと書いてあった。

多摩川のアユについては、以前、テレビで放映されていた。それによると１９７０年頃の多摩川は公害で魚が大量に浮かぶ「死の川」となり、アユも絶滅した。ところが、最近アユが戻ってきた。その理由を調べたら、下水網と下水処理場の普及で、汚水を直接川に流さず、きれいにしてから戻すようにしたからだ。さらに、お台場にできた人工の砂浜が孵化した稚魚が育つのにいい環境だという。両方とも人工物だ。人工物でも自然環境を改善するものであれば生き物は適応し、増える。多摩川は、東京の川とは思えないほど魚影の濃い川だ。それは、高度に発達した下水技術、土木技術のおかげでもある。

技術は環境を無視して使えば自然を悪くするが、戻すこともできる。今回はアユを川に戻すために開発したわけではないが、自然状態に戻そうとしたら、結果的にこうなった。自然環境をよくする開発をすると、思いがけない、いいことがあるようだ。

その後も毎年多くのアユがのぼった。ホームページを調べると、２００７年には２１５万匹を記録し、２００９年に１４２万匹、２０１０年に１８６万匹と連続で１００万匹を超え、２０１１年には、２００６年の調査開始以来最大の、推定約２２０万尾のアユが遡上しているという。「死の川」からアユも遡上する豊かな多摩川が復活した。人の技術も使い方次第だ。

50. 多様な生き物に驚いた「多摩川河口」

（1）多摩川河口に来た

私が多摩川の河口に最初に来たのは２００４年のサイクリングのときだった。山が近い羽村からスタートし、サイクリングコースを走るとだんだん山が離れ、河原が広がり、周囲の建物が少しずつ高くなる。川崎付近を過ぎると大きな工場が目立つようになった。河口まで5キロくらいのところに「多摩川八景　多摩川の河口」という看板がある。そこには、「羽田空港や工場、住宅といった人工環境と、アシの茂る中州、野鳥の群れ、干潟に遊ぶカニの姿などの自然環境とが調和し、多摩川の安らぎを感じさせます」とある。多摩川河口は多摩川を代表する八箇所の風景（注）の一つで、特に「人工環境と自然環境との調和」する景色だという。

河口から2キロくらいに近づくと、突然、目の前を轟音とともにジャンボ機が飛び立った。対岸には羽田空港が見えてきた。そして、羽田空港の横に来る

多摩川河口近く風景（アシ原と羽田空港）

と、サイクリングコースは、突然、一つの小さな四角い建物の前で終わった。「多摩川河口水位観測所」とあるこの建物付近が多摩川の河口原点だ。「やっと着いた。これが河口か〜」と多摩川の末端まで来たという感動がこみ上がった。無数ともいえる支流の水が集まり、そのまとまりがここに集結する。

しかし、河口といっても広大な海が見えるわけではない。河口原点の先には、運河を隔てて工場のある島が見える。アクアラインの入り口がある浮島町だ。左側に見える多摩川は、幅が100メートル以上と広くなっている。そこを貨物船が走り、空港からは飛行機が何分か毎に飛び立っていく。この付近は交通の要所だ。しかし、川側は多摩川生態系保持空間として、生き物が保護されているらしい。

(2) 干潟の生き物を知り驚く

2006年5月に、NACOTの多摩川河口、干潟の観察会に参加した。京浜急行の小島新田駅に集合し、歩いて川に出る。潮がひき、川の砂底が広く見えている。5月の大潮の日は午前中に干潮となり、水が大きくひく。一年中でこの頃だけのことで、砂底の生き物観察にとってはいい時期だ。

川の中心付近に多くの鳥が見える。コアジサシがダイビングをしている。流心近くにはカワウが何羽もまとまって、時々首を突っ込みながら泳いでいる。口を動かしているので魚を食べているのだろう。遠くに少し大きなシギが見える。こちらは水辺を歩き、砂の上の何かを狙っている。

多摩川の河口と水位観測所

カニが多いと聞いていたが、あいにくの雨のせいかすぐにはみつからない。それでも、石をひっくり返すと500円玉位のカニがいた。遠くの水の流れの彼方に動くものが見えたので双眼鏡で見るとやはりカニだった。近くの人にいうと、「近づいて見ては」と教えてくれたので、一緒に行ってみた。しかし、近づくと水や砂の中に隠れてしまう。「座って、動かないように」といわれたのでじっとしていると、おもしろいことに、ちょっと待つと奇妙なものがゆっくり出てくる。「水の表面に棒のようなものが2本見えるでしょう。あれはカニの眼で、潜水艦の潜望鏡のように水の中から眼だけを出してこっちを見ている。動かないと安心して出てくる」という。確かにマッチ棒のようなものが2本並んで、あちこちに水から出ていておもしろい。しばらくして何匹か出てきた。しかし、突然サッとまた隠れた。我々は動いていないのにと思ったら、鳥が飛んだようだ。ちゃんと身を守る習性がついている。ヤマトオサガニというカニだ。干潟には、おもしろい生き物の生態があるものだと感じた。この日は雨だったが、晴れているともっと多く出るらしい。

翌月の6月上旬、天気のいい日を選んでカニを見に向かう。11時頃に現地に到着。多摩川の土手に登ると、大潮の日で、川底が見えている。その砂場に近づくとカニがたくさん目に飛び込んでくる。小さいカニが手を動かしている。それを、近くの子どもが「おいで、おいでしているよ」という。なるほど、カニの二つの白い手が、「おいでおいで」をしているように、同じリズムで前後に動く。それも、1匹だけではなく、何十、何百とだからおもしろい。河原にはカニの棲み家と思われる穴がたくさんある。歩いていくとサッと穴に隠れるが、腰を落としてそっと見ていると、ゆっくり、ゆっくり出てくる。石をどけると必ずカニがいる。空き缶の中にも、貝殻がついたタイヤの中にも、捨てられた携帯電話の下にも。文明の利器もカニさんには関係ない。水流に近い場所では、目が潜望鏡になるヤマトオサガニがたくさんいる。一面、「カニ、カニ、カニ」だ。

貝をとっている人がいるので、何を取っているのか聞

ヤマトオサガニの群れ

手を振るチゴガニ

潮干狩りで採れたシジミ

トビハゼとカニ

ボラの幼魚

カレイの幼魚

いてみる。「シジミです」「食べるんですか？」「結構、おいしいよ」。４人程のバケツを見せてもらったが、みんな重そうなくらいたくさん入っていた。こんな工業地帯の傍で「自然の恵み」を食べられるとはうらやましいかぎりだ。

よく見るとカニや貝ばかりではない。浅瀬には３、４センチのハゼのような魚がいる。流れのある水辺に来たときにはびっくりした。私が水に入ったり出たりと動くと水面がシャワシャワと動き、水が盛り上がる。双眼鏡で見ると、魚の背が時々見える。「わー、みんな魚だ～。すごい数だ」と圧倒される。船が通って波が来ると魚が打ち上げられた。５センチくらいの銀色の魚だ。何かの幼魚だろう。川底の水溜りには５センチもないカレイの子どももいる。また、ボラやスズキのような魚の死骸もある。スズキらしきは50センチくらいある。魚貝もカニも、数ばかりでなく種類も多い。たくさんの生き物に圧倒された。

（３）野鳥の多さに驚く

その年の11月と12月に冬鳥の観察会で訪れた。秋、冬は昼に干潟は出ないが、野鳥が楽しめる。11月のときにまず目に入ったのは飛んでいるカモメ。少し大きめはセグロカモメ、小さめはユリカモメだ。そして、カモ類がたくさん来ている。ホシハジロ、キンクロハジロ、ヒドリガモ、マガモが水面にのんびり浮かんでいる。シベリアから来たカモたちは、日本で越冬しながらお嫁さんをみつけるという。ハマシギなどシギも来ている。ミサゴが空高く飛んできた。本当にたくさんの鳥に会えた。12月の観察会では、アシの中で珍しいオオジュリンを見た。アシはたくさんの野鳥を保護するようだ。驚いたのは、陸側の工場跡地に百羽位のハマシギの大群が来ていたことと、空港の誘導灯の下にスズガモらしい黒い点々が何百というほど見えたことだ。すごい数の鳥が来ている。野鳥も種類、数とも多い。それは、餌となる干潟の魚やカニ、貝、ゴカイなど動物が多く、生い茂ったアシが隠れ家となって天敵から守るからだろう。

スズガモ

ハマシギ

この観察会で、羽田空港に新しい滑走路がつくられ、神奈川側の岸から羽田に渡る連絡道路を作る計画があるとの話があった。橋かトンネルかは決まっていないが、橋だと日影ができるので潮の流れが変わり、生き物に影響があるという。

(4) 豊かな干潟の自然を知ること

3年程後の2009年4月下旬にも干潟観察会に参加した。最初の説明で「この観察会は、最終的に羽田空港への連絡道路の計画をやめてもらうことが主旨だが、それには、この干潟の自然を多くの人に楽しんでもらいたい」との話があった。まず自然を知ってもらうことが自然保護につながるというわけだ。

土手をおりて干潟に入る。講師が砂の上を足で踏むと色が黒めになるといって実際に踏んで見せてくれた。これは表面に付着珪藻があるからだという。微小な藻類のことで、表面にしかないが、光合成を行っていて緑っぽい。また、干潟の泥には流されてきて堆積した有機物が多く、それを分解する微生物も多い。これら豊富な藻類と微生物が、貝やゴカイ、カニなどの多くの生き物の餌になっている。そして、それらは鳥や魚に食べられる。そう、藻類や微生物から食物連鎖が形成されているのだ。この、人間の目には見えないような藻類や微生物が生き物にとって重要なものなのだ。

砂を20センチくらい掘ると色が変わり、黒っぽくなる。ゴカイが出てきた。2、3センチと小さい。シジミもところどころに転がっている。近くに来た子どもが容器いっぱいのシジミをみせてくれた。生き物の生産力のすごさを感じる。

講師は、場所を選んですばやくシャベルで砂を掘った。何をするのかと思ったら、砂ごし用の網に砂をのせ、水でこしていく。すると、だんだん砂がなくなり、砂以外のものが出てくる。シジミが最初に見え、カニも動いている。すべての砂を出し切ると、髪の毛位の細いゴカイが数匹、シジミが数個、チゴカニが1匹いた。スコップ一杯の砂の中にこれだけいた。ほかの場所を掘ると1・5センチ位のエビがいた。ヨコエビというらしい。目に見えないが砂の中にはいろいろな生き物がいる。

砂の中だけでなく、石や漂流物にはカキの殻が付着している。そこにふっくらした身が入っているカキもいた。カキは、仙台や広島など遠くのものと思っていたが、こんな近くにもいる。ただし、食用ではないらしい。カキの殻の中に奇妙な魚を見つけた人がいる。全体的に鮮やかなオレンジ色をし、顔の部分が茶色の熱帯魚のように色鮮やかなナベカだ。水たまりに動くものがいたので、講師が網ですくいあげてみた。2、3センチほどのマハゼだ。水際の波には小魚が群れていて、網ですくうとたくさんの銀色の小魚が入っていた。ボラの子どもだという。餌が多い干潟は幼魚が育つい い環境なのだろう。

ここには多様で大量の生き物が棲む。多摩川の河口の看板にあった「アシの茂る中州、野鳥の群れ、干潟に遊ぶカニの姿などの自然環境」がこんなに素晴しく、豊かなものだとは思わなかった。ましてや、人工物の象徴である工場地帯と羽田空港の横に、これほどの自然環境があるとは信じられないほどの驚きだ。まさに、「人工環境と自然環境との調和」している。

この都会近くの豊かな自然、いいかえれば、「多様な生き物の営み」を、是非、多くの人に知ってもらいたい。そうすると、おのずとたくさんの生き物を守らなくてはいけないと思うようになる。もちろん、このことは河口だけに限らない。

多摩川周辺を源流から河口まで訪ね、たくさんの光景と生き物を見てきた。その中で学んだことは、各々の場所の自然環境と生き物の生態の関係、そして生き物同士のつながりだった。多様な生き物がつながっているからこそ見られる自然の光景だ。東京という大都会の近くでも、土や水や緑があれば生き物は棲む。しかし、その姿はあまりにも知られていない。たくさんの飛行機が発着する羽田空港のすぐ横にこんなにも多様な生き物が棲む世界がある。街中を流れる玉川上水や野川でもそうだ。そのことをどれだけの人が知っているだろうか？　毎日、何万人と訪れる高尾山でも生き物の営みを見にくる人はわずかだろう。源流の天然林を散策する人はもっと少ない。

このような生き物のことが知られていないから環境が

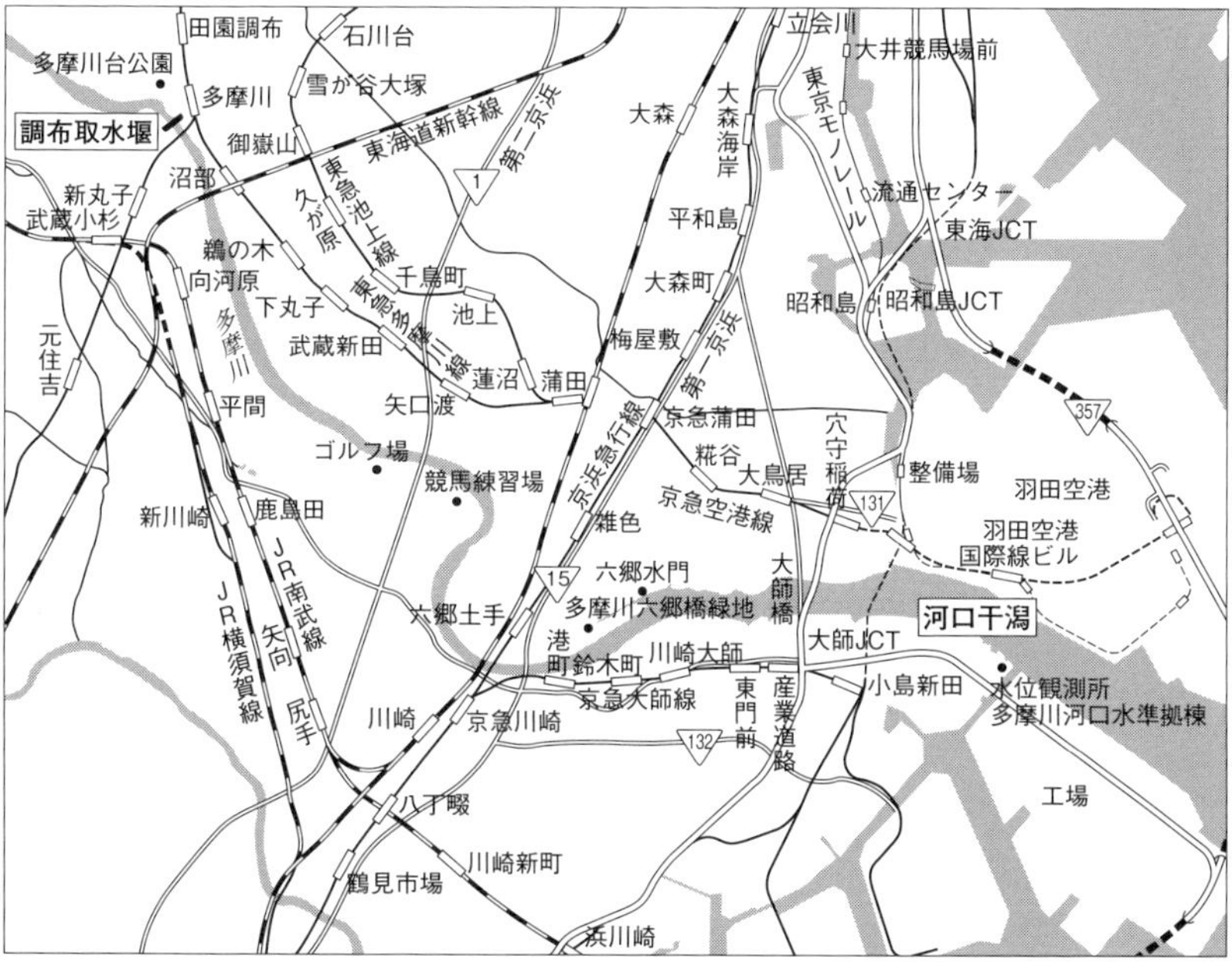

多摩川下流（調布取水堰～河口）

破壊され、死滅する動植物もあるのだろう。多摩川の流域で、人間の技術も使い方よっては環境のためになることも見てきた。その使いかたの方針をたてるとき、自然環境のことを配慮するとずいぶん生き物のためになるだろう。そのためには、多くの方が様々な生き物の実際を理解することがはじまりだと思っている。

豊かな生き物と人間が共生する世界が継続することを願っている。

（注）多摩川を代表する八箇所の風景は「多摩川八景」と呼ばれており、市民の投票で選ばれた「奥多摩湖」「御岳渓谷」「秋川渓谷」「玉川上水」「多摩大橋付近の河原（牛群地形）」「二子玉川兵庫島」「多摩川台公園」「多摩川の河口」となっている。

おわりに

多摩川の最上流から河口まで、高山、森林、渓流、丘陵、里山、河原、公園、干潟など、いろいろな場所を歩き回り、そこで様々な体験をし、たくさんの生き物や光景に出会った。

生き物との出会いはとても変化に富んでいた。野鳥や魚、昆虫、樹木、草花、そして哺乳動物などが、それぞれ独自の姿や性質で生きている。日本の森で子育てするオオルリやコマドリなどの夏鳥、秋に大移動するワシ・タカの仲間、ひっそり暮らす美蝶ゼフィルス、生き物あふれるブナの天然林、可愛いハナネコノメなど春の野草、驚くような行動をするニホンザル・ムササビなどの野生哺乳動物、戻ってきたアユの遡上など様々な自然の姿に会うことができた。実際に自分の目で姿、行動を見ることができた喜びや驚きは、人間がつくるいかなるエンターテイメントよりも感動的であった。この体験は、大きな財産である。

さらに、自然の中での生き物の姿や行動を見たとき、命の大切さや生きる厳しさを感じた。子孫を残すための姿もたくさん見た。子どもの面倒をみる哺乳動物は微笑ましく、雌にアピールする蝶の翅の輝きや野鳥のさえずりは美しい。花々の受粉する仕組みはとても工夫されていておもしろい。子孫を残すことは、生き物としては最も大切なことだと改めて感じ、今の人間社会では再認識する必要があると思った。それは、難しい話ではなく、野生の動物が普通にしている「仲良くし、愛し合い、子どもを育てる」という極めて当たり前のことだ。

たくさんの出会いができたのは、生き物に関心を持ち、動植物をよく観察しながら歩くようになったからである。そのきっかけは、野鳥を好きになり自然観察会に参加して自然や生き物の見方について教えてもらったからだ。その結果、「東京近くでも様々な生き物との楽しい自然体験ができる」と知り、生き物たちが棲む自然の大切さについて、多くの人に知ってもらいたいと思うようになった。世の中、自然環境への関心は高まっているが、実際に自然の生き物と接する体験をしている人はあまり多くはないように思われる。しかし、それが都会の近くでもできる。是非、身近な動植物とかかわって欲しい。

だけど、残念なことに、人間社会と自然環境との問題にも度々出会った。自然を人間の都合のいいように変えてしまう。人間の価値観で、人間の欲する空間に人工物をつくって改造する。それは、社会に流される情報によって個々の価値観がコントロールされ、行動も同じ方向に向いてしまう。その結果、場所によっては、人間以外の生き物はほとんど追い出される。それは、自然のままより「土地利用」に価値があるという従来からの経済原理に基づいている。

ところが、環境問題がこの原理を変える転換点になるかもしれない。人類の危機である温暖化や生物多様性の減少。この対策に新しい価値観として「環境」が根付く必要があると思う。そのために、多くの人が自然や生き物の実際の姿を知り、「森林の緑は美しい」「生物の多様性は素晴らしい」という環境重視の価値観が共有化されるといい。人々がもっと自然の生き物を知って、美しいと感じ、好きになれば環境もよくなると思っている。美しい生き物、様々な生き物をもっと楽しむ社会になり、環境がよくなることを期待している。しかし、それを個人で願っても限度がある。やはり、政治する人、教育する人、広報する人がまず理解し、率先して推進し、価値観を変えていくよう活動していってもらいたい。一人ひとりの価値観の中に自然に対する気持ちが強くなれば、小さな個人の選択から大きな政治判断まで、環境重視に変わるだろう。

多摩川の自然は、自然の仕組みとそこに棲む生き物の素晴らしさを私に教えてくれた。そして、世の中に自然の理解を深めようと自然団体において活動をされている多くの人々にも出会うことができた。私は、そのような方々に出会えたことや教えていただいたことをうれしく、そして、ありがたく思っている。

お世話になった自然活動団体を巻末に表で紹介している。

本書は、NACS—J自然観察指導員東京連絡会（NACOT）の会誌「SIGN　POST」に2006年4月から2011年5月号まで連載された原稿「多摩川で知った自然」をベースに編集、見直し、加筆したものです。NACOTの方々には、自然の見方やいろんな生き物について、たくさん教えていただいたばかりでなく、その原稿を連載する機会を与えていただいて、とても感謝しています。

そして本書の出版の機会を与えていただいた（株）けやき出版の清水定様、出版にいたるまで的確かつ懇切丁寧にご指導と編集をしていただいた馬場秋代様に感謝いたします。

最後に、この出版と本にある活動ができたのは妻範子の支えがあったからであり、最大限のお礼の気持ちを「ありがとう」と示します。

２０１２年3月　　藤原　裕二

参考文献

［多摩川全般］
新多摩川誌　新多摩川誌編集委員会　山海堂
多摩川ガイドブック　津波克明、片岡理智、清水克悦　けやき出版
多摩川を歩く　佐藤秀明、中村文明　ＪＴＢ
水辺を歩こう多摩川ガイドブック＆ハンドブック　国土交通省京浜河川事務所
多摩川水系えんじょいマップ　早川公二　けやき出版

［奥多摩の山や自然］
奥多摩自然ハンドブック　自然教育研究センター編　自由国民社
多摩川と源流の山々　久保田修　ネイチャーネットワーク
奥多摩の尾根と沢　奥多摩山岳会編　東京新聞出版局

［東京近郊の自然］
多摩エコパークガイドブック　東京市町村自治調査会　けやき出版
アウトドアを楽しむ 東京自然ウォッチング　橋本淳　丸善メイツ
高尾山自然観察ガイド　茅野義博　山と渓谷社
高尾の森から　米澤邦昌　山と渓谷社
狭山丘陵見て歩き　トトロのふるさと財団編　幹書房
生きている野川　鍔山英次、若林高子　創林社

［自然観察全般］
自然観察ハンドブック　日本自然保護協会　平凡社
森林インストラクター入門　林野庁監修　全国林業改良普及協会

［森林］
森をゆく　米倉久邦　日本林業調査会
植生環境学　水野一晴編　古今書院

［地学］
東京の自然をたずねて　大森昌衛監修　築地書館

［動物］
森の動物 出会いガイド　子安和弘　ネイチャーネットワーク
フィールドガイド 日本の野鳥　日本野鳥の会
多摩川の野鳥　津戸英守　講談社
東京都の蝶　西多摩昆虫同好会編　けやき出版
ゼフィルスの森　栗田貞多男　クレオ
ムササビに会いたい！　岡崎弘幸　晶文社出版
東京のサル　井口基　どうぶつ社
野生ニホンザルの研究　伊沢紘生　どうぶつ社
アユ百万匹がかえってきた　田辺陽一　小学館

関係自然活動団体

団体名	活動内容	入会資格・会員特典・ホームページ・連絡先
公益財団法人日本自然保護協会（ＮＡＣＳ－Ｊ）	各地の自然を守る活動のほか、ＮＡＣＳ－Ｊ自然観察指導員の養成をはじめとした自然保護活動の普及を行っている公益財団法人。ＮＡＣＳ－Ｊ自然観察指導員は、地域に根ざした自然観察会を開き、自然を自ら守り、自然を守る仲間をつくるボランティアリーダー。	入会資格はなく、誰でも会員になれる。会員には、会報の送付、イベントへ情報の提供・刊行物の購入時の割引などの特典がある。ＮＡＣＳ－Ｊ自然観察指導員は、自然観察指導員講習会に参加してＮＡＣＳ－Ｊに申請することで登録される。 http://www.nacsj.or.jp/ TEL：03-3553-4101　FAX：03-3553-0139
ＮＡＣＳ－Ｊ自然観察指導員東京連絡会（ＮＡＣＯＴ）	主に東京に在住・在勤する自然観察指導員からなる連絡会で、自然保護の啓発・普及のため、都内・近郊で様々な観察会を開催している。会員に対する観察会実施の支援をしているほか、イベントへの出展、外部依頼による講師派遣なども行っている。また、２０１０年にＣＯＰ10で採択された「愛知目標」達成のために「国連生物多様性の10年」を推進する組織の一員として普及啓発活動を行なっている。	ＮＡＣＳ－Ｊの自然観察指導員ならば誰でも会員になれる。会員には、会報が送付され、自然観察会の指導員としての参加、研修会への参加などができる。自然観察会には、一般の方がどなたでも参加できる。 http://www.nacot.org/ メール：info@nacot.org TEL：042-591-8441
森林インストラクター東京会（ＦＩＴ）	東京圏の森林インストラクターで構成する任意団体。森林インストラクターは、全国森林レクリエーション協会が認定する自然環境教育を目指す森の案内人で、自然と森林のしくみ、森林づくりと林業、野外での活動、教育の方法、安全対策のすべてについて一定レベルの知識を持つ「森の案内人」としての専門の資格を持ったプロ集団で、ＦＩＴは、東京近郊の野外フィールドで、自然観察、森林ガイド、林業体験等の活動を行っている。	東京圏に在住する森林インストラクターならば誰でも会員になれる。会員は、会報の閲覧、自然観察、森林ガイド、林業体験等へのインストラクターとしての参加、研修会への参加などができる。森林インストラクターになるためには、全国森林レクリエーション協会が実施する資格試験に合格する必要がある。自然観察会などのイベントには、一般の方がどなたでも参加できる。 http://www.forest-tokyo.org/ メール：ofc001@forest-tokyo.org TEL：03-3334-4093　FAX：03-3334-4093
特定非営利活動法人自然環境アカデミー	「自然」とのつながりを深めるため自然環境の保全に関心の高い市民が集まった東京都福生市にある特定非営利活動（ＮＰＯ）法人。東京西部地区を中心に自然とのふれあいを通した学び、傷ついた野鳥の野生復帰、動植物の調査などを進めている。	入会資格なく、誰でも会員になれる。会員の方には、会報の送付、関連商品の割引販売など利用できる。イベントには、会員でなくてもどなたでも参加できる。 http://www.h7.dion.ne.jp/~academy/ メール：academy@m3.dion.ne.jp TEL：042-551-0306　FAX：042-513 - 3964
公益財団法人日本野鳥の会	自然にあるがままの野鳥に接して楽しむ機会を設け、また野鳥に関する科学的な知識及びその適正な保護思想を普及する公益財団法人。野鳥保護区の拡大と維持管理など野鳥や自然を守る事業、サンクチュアリなどでの野鳥ファン拡	入会資格なく、誰でも会員になれる。支部と同時加入の場合は、いくつかの会員の種類が選択できる。会員には、会誌の送付、探鳥会などのイベント参加、全国の支部が開催している探鳥会に参加でき、全国の協定旅館や特定の交通

	入門用冊子類の配布や広報など野鳥や自然を大切に思う心を伝える事業を推進している。全国に支部があり、支部において探鳥会を開催している。	機関などが割引で利用できる特典がある。 http://www.wbsj.org/ メール：shiryou@wbsj.org TEL：03-5436-2630・03-5436-2631　FAX：03-5436-2636
日本野鳥の会東京	日本野鳥の会の支部で、東京各地で探鳥会を開催するほか地方への遠出探鳥会や野鳥に関する研究活動・保護活動などを行っている。	入会資格なく、誰でも会員になれる。会員には、会誌の送付、一般の探鳥会のほか会員向けの探鳥会や研修会などのイベントに参加できる。月例・日帰りの探鳥会は、会員でなくてもどなたでも参加できる。 http://tokyo-birders.way-nifty.com/blog/ メール：kyw06432@nifty.com TEL：03-5273-5141　FAX：03-5273-5142
日本野鳥の会 奥多摩支部	日本野鳥の会の支部で、東京西部や山地を含め奥多摩で探鳥会を開催するほか地方への遠出探鳥会やタカの渡りの調査や保護活動などを行っている。	入会資格なく、誰でも会員になれる。会員には、会誌の送付、一般の探鳥会のほか会員向けの探鳥会や保全活動などのイベントに参加できる。一般の探鳥会は、会員でなくてもどなたでも参加できる。 TEL：042-555-4870　FAX：042-555-4870
財団法人 科学教育研究会	科学教育の基礎となる研究・調査を行い、自然保護教育理念の構築、理科教育の普及活動を柱として、学校および社会における科学教育の向上発展に寄与することを目的とした財団法人。近年は特に重要性が叫ばれている環境教育にも力を注ぎ、調査研究・プログラム開発・指導者養成、シンポジウム開催・自然観察会などの活動を行っている。	入会資格なく、誰でも会員になれる。会員には、会報の送付、活動・教材・発行物の割引、研究会主催の講座・セミナー・行事の参加の優先や割引などの特典がある。講座・セミナー・行事は、会員でなくてもどなたでも参加できる。 http://www.sef.or.jp/ メール：vys04613@nifty.com FAX：03-3354-8232
特定非営利活動法人 山の自然学クラブ	自然の摂理を共に学び、楽しみ、得たものを保全に生かす活動を行っている特定非営利活動（ＮＰＯ）法人。大学や研究機関の先生方による自然学講座、インタープリター、自然指導員養成講座、国内や国外での植林などを行っている。	入会資格なく、誰でも会員になれる。会員には、会報や活動スケジュールの送付、活動・行事への参加の割引などの特典がある。行事には、会員でなくてもどなたでも参加できる。 http://www.shizen.or.jp/ メール：shizengaku@shizen.or.jp TEL：03-3341-3953　FAX：03-5362-7459
公益財団法人 トトロのふるさと基金	「となりのトトロ」の舞台のモデルになったと言われる狭山丘陵に残された里山の風景を守り伝える活動を行っている公益財団法人。ナショナルトラスト活動、環境教育活動、生きものと文化財の調査・研究活動、里山管理活動、トトロのふるさとおおそうじなどの活動を行っている。	入会資格なく、誰でも会員になれる。会員には、会報の送付、オリジナルグッズの購入割引などの特典がある。行事には、会員でなくてもどなたでも参加できる。 http://www.totoro.or.jp/ メール：office@totoro.or.jp TEL：04-2947-6047　FAX：04-2947-6057

著者略歴

藤原　裕二（ふじわら　ゆうじ）

1953年、東京都三鷹市生まれ。会社員。

高校時代に山岳部に入部した頃から奥多摩の山々を歩き回り、会社員になってから渓流釣り、バードウォッチングをはじめ、多摩川流域にもよく出かけた。2005年に自然観察指導員になったことがきっかけで様々な動植物に興味を持つ。大学時代に写真研究部に属した経験があり、自然と生き物、特に、野鳥、蝶、哺乳動物の写真撮影も行っている。

日本自然保護協会（NACS－J）自然観察指導員、森林インストラクター、グリーンセイバー。NACS－J自然観察指導員東京連絡会会員、森林インストラクター東京会会員、日本野鳥の会会員（東京支部、奥多摩支部）、自然環境アカデミー会員、日本技術士会会員など。

著書『多摩川あそび』（けやき出版）ほか。

多摩川自然めぐり
美しい生きものたちとの出会い

2012年5月11日発行

文／写真　藤原　裕二
挿し絵　小前なおみ
発　行　株式会社 けやき出版
〒190-0023 東京都立川市柴崎町3-9-6 高野ビル1F
TEL 042-525-9909　FAX 042-524-7736
D T P　ムーンライト工房
印　刷　株式会社 平河工業社

ISBN978-4-87751-465-5 C0026